U0324331

山西省自然科学基金面上项目(202203021221230)资助
山西省自然科学基金青年项目(202203021212475)资助

青海木里、乌丽地区煤系非常规气特征研究

李 靖 著

中国矿业大学出版社
·徐州·

内 容 简 介

本书以青海省北部木里煤田和南部乌丽地区为主要研究区域,综合运用沉积学、地球化学、构造地质学、石油地质学等多学科知识,通过现场勘查实践与室内分析研究相结合,利用区域地质、煤田地质、煤质煤类、烃源岩特征、储层特征等方面的信息,分别对两区域煤系页岩气、天然气水合物等形成条件进行分析,并概括出木里煤田天然气水合物成藏模式,提出针对于综合煤炭资源的勘探开发策略,为青海省非常规能源评价提供依据。

本书可供煤炭地质、煤层气和油气地质领域的科技人员和高等院校师生参考、使用。

图书在版编目(CIP)数据

青海木里、乌丽地区煤系非常规气特征研究/李靖
著.—徐州:中国矿业大学出版社,2023.11
ISBN 978 - 7 - 5646 - 5766 - 6

Ⅰ. ①青… Ⅱ. ①李… Ⅲ. ①煤系－地质构造－天然
气水合物－成藏模式－研究－青海 Ⅳ. ①P618.11

中国国家版本馆 CIP 数据核字(2023)第 068033 号

书 名	青海木里、乌丽地区煤系非常规气特征研究
著 者	李 靖
责任编辑	周 红 夏 然
出版发行	中国矿业大学出版社有限责任公司
	(江苏省徐州市解放南路 邮编 221008)
营销热线	(0516)83885370 83884103
出版服务	(0516)83995789 83884920
网 址	http://www.cumtp.com E-mail:cumtpvip@cumtp.com
印 刷	苏州市古得堡数码印刷有限公司
开 本	787 mm×1092 mm 1/16 印张 11.5 字数 225 千字
版次印次	2023 年 11 月第 1 版 2023 年 11 月第 1 次印刷
定 价	66.00 元

(图书出现印装质量问题,本社负责调换)

前　言

　　作为煤炭大国,煤炭在我国一次能源构成中占 70％左右,并且这种能源消耗格局在相当长的时期内不会改变。我国煤炭资源具有分布广泛、煤类齐全、开发条件复杂等特点,并且在含煤岩系地层中赋存或者伴生了多种有益矿产资源,需充分利用,综合勘采。含煤岩系地层具有的特征如下:有机质含量高、岩石旋回性强、以Ⅲ型干酪根为主、储集层陆源物质丰富、经历多期构造运动等,从气源、储集空间、聚集动力等方面为包括煤层气、煤系页岩气以及天然气水合物资源在内的煤系非常规气发育提供了有利因素。

　　本书以青海省北部祁连山南缘木里煤田、南部唐古拉山北缘乌丽地区煤炭资源以及含煤岩系地层中富含的煤系非常规气为主要研究对象,针对研究区范围内的煤炭、煤层气、煤系页岩气、天然气水合物等资源展开相关研究工作,然后将两个研究区相关条件进行对比,总结和归纳出含煤岩系非常规能源的成藏模式,以及相关勘探开发建议。

　　本书共八章,第一章针对含煤岩系地层的特点、煤系非常规气概念以及天然气水合物和页岩气的研究现状等内容进行了总结;第二章主要介绍了青海省所处的自然地理位置、地层发育状况、大地构造位置、区域地质演化历程以及岩浆岩发育情况,并重点研究了木里和乌丽地区的煤系发育特征;第三章从木里煤田的煤层含气性、煤储层物性、资源量估算三个方面开展了研究;第四章从木里煤田的泥页岩发育情况、泥页岩烃源岩评价、储集层特征三方面开展了研究;第五章从天然气水合物的基本特征、成矿条件、气源探寻、稳定带特点、测井解释疑似天然气水合物层等多方面展开研究;第六章分别探讨了乌丽地区煤系页岩气和煤系天然气水合物的形成条件;第七章从地层、含煤岩系、烃源岩、储集层等方面对木里煤田与乌丽地区煤系非常规气赋存条件进行了对比,总结了煤系非常规气成藏模式;第八章对成果进行了总结。

本书的研究得到了山西省自然科学基金面上项目(202203021221230)、山西省自然科学基金青年项目(202203021212475)等的资助,在此表示感谢。另外,在项目研究过程中,导师曹代勇教授给予了悉心指导;在野外调查、数据整理与分析过程中,得到了王安民、王路、秦荣芳、王丹、陈利敏、蒋艾琳、豆旭谦等提供的帮助,在此一并表示衷心感谢。

由于著者水平有限,书中不妥之处在所难免,恳请广大读者和同行不吝指正。

著　者

2023 年 10 月

目　　录

第一章 绪 论

青海省煤炭资源相对较贫乏,且分布不均。受构造作用的控制,以昆仑山为界,位于青海省北部的祁连山赋煤带、柴北缘赋煤带、昆仑山赋煤带属于西北赋煤区,以中生代侏罗纪为主要产煤期;位于青海省南部的积石山赋煤带、唐古拉山赋煤带属于滇藏赋煤区,以晚古生代石炭-二叠纪为主要产煤期[1]。

近年来天然气水合物、煤系页岩气、煤层气等非常规能源关注度持续提高,针对青海省祁连山冻土区煤系地层中天然气水合物,相关科研机构开展了系列的研究工作[2-4]。本书分别选择青海北部地区西北赋煤区祁连山赋煤带木里煤田和青海南部滇藏赋煤区唐古拉山赋煤带乌丽地区,开展以煤系页岩气和天然气水合物为主的非常规能源的调查,主要针对非常规气体的形成条件、成藏模式、勘探开发建议等方面展开工作,力图揭示煤系非常规气的赋存规律,为青海省非常规能源勘查评价提供依据。

第一节 含煤岩系地层的基本特点

我国是煤炭大国,煤炭作为基础能源,在一次能源构成中占 70% 左右,并且我国的资源特点和经济发展阶段性,决定了这种格局在相当长的一段时期内不会改变[5]。第四次全国煤炭资源潜力评价阶段成果表明,全国煤炭资源分布面积约 60 多万平方千米,在垂深 2 000 m 以浅的煤炭资源总量为 5.73 万亿 t,并且成煤期众多,煤种齐全,开发条件较好[6]。

煤炭本身是重要的能源矿产,含煤岩系地层中赋存或伴生了很多有益的矿产资源[7-9],包括:气态形式的煤层气、页岩气、致密砂岩气等;液态形式的煤成油;固态形式的油页岩,铀、镓、铝土矿等金属矿床,高岭土等非金属矿床;以及特殊固态形式的天然气水合物(图 1-1)。相关勘探实践证实了煤炭地质勘查必须坚持"以煤为主、综合勘查、综合评价"[10]的原则,做到充分利用、合理保护矿产资源,做好与煤共伴生的其他矿产的勘查评价工作。含煤岩系是指一套在成因上有共生关系并含有煤层的沉积体系。含煤岩系地层具有一些特殊性,如有机质含量高,岩石旋回性强,以Ⅲ型干酪根为主,储集层陆源物质丰富,经历多期构造运动等,为煤系非常规气的发育提供了气源、储集空间、聚集动力等有利因素。

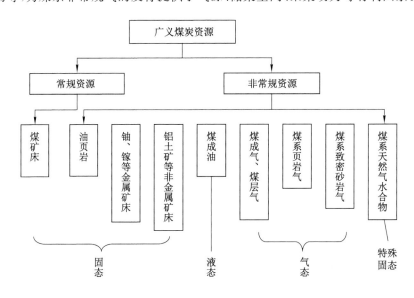

图 1-1 煤炭综合矿产资源

1. 含煤岩系岩石类型特征

含煤岩系具有独特的岩性特征。含煤岩系一般是在潮湿气候条件下沉积的,其主要由灰色、灰黑色及黑色的沉积岩组成(表 1-1),含有一定的杂色岩石;岩性以各种粒度的陆源碎屑岩和黏土岩为主,夹有石灰岩、燧石层等。也有的含煤岩系主要由石灰岩构成。此外,含煤岩系中还常见铝土矿、耐火黏土、油页岩、菱铁矿、黄铁矿等。含煤岩系岩性变化较大,不同地区具有明显的差异,即不同时代、不同地区的含煤岩系,其岩性组成差异很大,这主要取决于含煤岩系沉积时的古地理和古构造;经研究和对比[11],含煤岩系中往往含有厚度不等的火山岩及火山碎屑岩,因为火山作用可为成煤物质演变提供大气及土质条件;含煤岩系中含有大量植物化石,也有的含有较丰富的动物化石及各种结核。含煤岩系中百分比含量较大的黏土矿物由于其层状结构,对于游离态气体的吸附是非常有利的。而粉砂岩、砂岩等碎屑岩具有的较大的孔隙空间,为气体的富集和保存提供了较好的储集条件。

表 1-1　不同地区含煤岩系地层粒级较细岩石累计厚度百分比

区域	累计厚度百分比/%	岩性
陕西神木地区	50	煤＋泥页岩
山西沁水地区	56	泥质岩石
青海乌丽地区	55	煤＋粉砂岩

　　煤系地层主要发育在陆相和海陆过渡相沉积环境中,相比于海相巨厚泥岩层而言,煤系地层中含有更多的陆源碎屑物质。石英、长石、方解石等脆性矿物的含量较高,提高了储层可改造型,有利于开采过程中压裂作用的实施。

　　2. 含煤岩系岩性组合特征

　　含煤岩系岩层层序在岩性特征、粒度特征、结构构造以及生物化石特征等方面都具有明显的旋回特征(图 1-2)。由沉积体系内部沉积、搬运、气候、构造因素等引起的旋回特征是含煤岩系的重要特征,反映了含煤岩系沉积层序中有共生关系的岩性、岩相等特征呈规律重复交替的现象。按照成因的不同,旋回分为自旋回和他旋回两种基本类型[11]。旋回性重复出现的砂岩、粉砂岩等岩

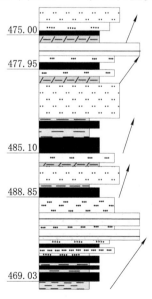

图 1-2　吉林桦甸地区含煤岩系地层岩性柱状图

石,有利于减少气体的逸散损失,实现短距运移、就近储集的成藏模式。

煤层的围岩条件主要包括煤层顶、底板岩性及透气性能。围岩的透气性越大,瓦斯越易流失,煤层瓦斯含量就越低;反之,瓦斯易于保存,煤层的瓦斯含量就越高。所以,作为储气煤层的盖层,顶板岩层的透气性对煤层含气性具有一定的影响。通常情况下砂岩的透气性大于泥岩[12],煤层顶板若为砂岩,煤层瓦斯易流失,煤层内瓦斯含量偏少,在动态平衡下富集于煤层顶板岩石之中[13-14],在适宜的地质条件下,形成致密砂岩气这种非常规能源形式。

3. 含煤岩系地层有机质含量特征

含煤岩系烃源岩由煤、碳质泥岩、煤系泥岩和泥灰岩组成,据统计,煤的有机碳含量一般在 $60\%\sim80\%$,煤系中暗色泥岩有机碳含量(TOC)多数超过了 3.0%[15](表 1-2)。根据国外页岩气勘探的经验来看,认为有机质丰度大于 0.3%[16-17]即可满足页岩气形成的物质条件,参照煤系泥页岩、烃源岩有机质丰度的评价标准(表 1-3),含煤岩系泥页岩 TOC 含量虽然低于煤岩,但通常比海相页岩要高,几乎整个煤系地层均可作为页岩气气藏的良好烃源岩。

表 1-2 我国不同地区含煤岩系烃源岩有机质丰度

地区	层位	岩性	TOC/%	沥青"A"含量/%	备注
鄂尔多斯	J_{1-2}	泥岩	3.04	0.07	
	C-P	黑色泥岩	3.28	0.068	
华北冀中	C-P	暗色泥岩	6.67	0.162 2	
四川盆地	T_3	暗色泥岩	6.05	0.08	
百色盆地	N	暗色泥岩	13.10	0.160	
青海木里	J_2	碳质泥岩	2.70		
		油页岩	4.05		
琼东南盆地	E	暗色泥岩	1.26	0.059	

表 1-3 煤系泥页岩、烃源岩有机质丰度评价标准

评价参数	分级评价标准			
	非烃源岩	较差烃源岩	较好烃源岩	好烃源岩
TOC/%	<0.75	0.75~1.5	1.5~3.0	>3.0
生烃潜量/(mg/g)	<0.5	0.5~2.5	2.5~6.0	>6.0

煤系泥页岩生排烃特点更接近于煤层,如煤系页岩气以吸附态为主(吸游比高),排烃滞后且相对困难等。煤岩经历生排烃高峰后,生烃速率降低,由于煤岩的强吸附能力,没有较大的生烃速率导致其排烃困难,使煤岩残留烃增多。煤系页岩具有相似的特点,即在演化后期,生烃速率的降低导致排烃困难,残留烃增多,这恰恰为煤系页岩气富集提供了基本条件。

岩石 TOC 含量高,一般对应其含水饱和度较低。在压实、成岩或有机质成熟过程中,孔隙水被排出,一般没有水残留于干酪根的微孔中,干酪根形成孔隙衬垫阻止了潜在的水侵。

4. 含煤岩系地层有机质类型特征

含煤岩系地层的沉积环境多为海陆沼泽或湖泊沼泽相,属于弱还原-弱氧化环境,多为淡水,高等植物发育。这种有机质来源就决定了其干酪根类型以 III 型为主,部分深湖-半深湖相发育 II_2 型,具有良好的生气特征,随着有机质演化的不断加深,有机质缓慢但是连续地生成烃类气体。未成熟阶段(镜质体反射率 $R_o < 0.6\%$),总生排烃量很低;成熟-高成熟阶段($R_o = 0.6\% \sim 1.8\%$)生排烃量增加,排出物以凝析气相为主;过成熟阶段($R_o > 1.8\%$)生排烃量增加不明显,排出物以甲烷气为主。这说明 III 型干酪根长期缓慢生烃,无明显的生排烃高峰,排烃门限高、动力弱且排烃困难、滞后,这就为煤系非常规气藏的形成提供了可能性。

I 型干酪根在成熟阶段($R_o = 0.6\% \sim 1.8\%$),生成大量液态烃类物质;高成熟阶段($R_o = 1.1\% \sim 1.2\%$)时液态烃裂解,出现生烃高峰,随之大量排烃。III 型干酪根相比于 I、II 型干酪根类型,不会出现液态烃类堵塞孔喉,阻碍气态烃类运移的情况(图 1-3)。

5. 我国含煤岩系地层构造热演化特征

我国煤系地层主要发育在北方广大区域范围内,包括东北、华北、西北等赋煤区。中国北部地区经历了几次较大构造作用的影响[18],构造运动对于非常规气藏的影响主要表现在以下几个方面。首先,构造运动所引起的抬升、剥蚀作用使得区域盖层遭到剥蚀,造成区域压力场的改变,从而促使了非常规气体的散失;其次,构造变形所产生的深断裂及其破碎作用,可能切穿了整个烃源岩及盖层的所有层系,打破了原有的整体保存的平衡,成为气体散失的主要通道,同时,构造变形在盖层中所产生的裂隙、微裂隙,破坏了原封盖层的整体塑性,使其封盖性能大大降低,甚至失去封盖作用[19];再次,构造运动产生的深断裂及剥蚀作用控制了地层的水文地质条件,通过盖层条件、目的层埋深、断裂等方面综合影响油气的保存条件;另外,与构造运动伴生的岩浆活动对非常规气藏的影响主要有两个方面,一是对烃源岩的增熟作用,二是对气藏的破坏作用。

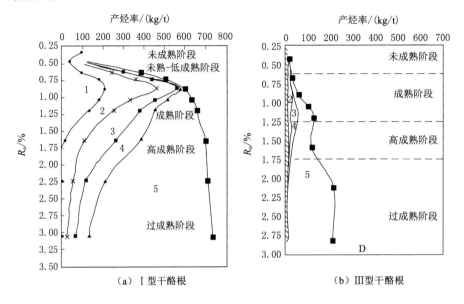

1—残留烃;2—釜壁轻质油;3—气携凝析油;4—C_2+;5—CH_4。

图 1-3　干酪根生排烃模式

第二节　煤系非常规气基本概念

一、煤系气的概念

煤系是在一定构造时期形成的、含有煤层或煤线并具有成因联系的一套沉积岩系,主要沉积于海陆交互相或陆相环境,赋存在不同构造性质的残留盆地[20]。煤系气是由整个煤系中的生烃母质在地质演化过程中生成并保存在各类岩层中的、以甲烷为主的天然气资源,根据储层岩性差异可分为煤层气、煤系页岩气、煤系致密砂(灰)岩气及天然气水合物等[21-22]。严格来说,煤系气是一个基于储层成因类型或地质载体给出的矿产资源定义。

煤系气泛指煤系中赋存的各类天然气,包括煤层气、煤系页岩气、煤系致密砂岩气、煤系灰岩气等,其中煤层气、煤系页岩气和煤系致密砂岩气通常被称为煤系"三气"或"煤系非常规气",是非常规天然气领域的重要组成,也是近年来非常规天然气领域研究的热点[20,23-30]。中国煤系分布范围广、厚度大,煤系气资源占全国天然气地质资源总量的60%以上,其中,评价2 000 m以浅煤层气地质资源量约为2.98×10¹³ m³(2016年原国土资源部油气资源动态评价),估算2 000～3 000 m煤层气资源量约为1.85×10¹³ m³,估算3 000 m以浅煤系致密砂岩气与页岩气资源量约为5.20×10¹³ m³[21]。

全球煤系气开发以美国怀俄明州粉河盆地、澳大利亚苏拉特盆地为成功典范。近年来,我国鄂尔多斯盆地东缘、准噶尔盆地东部、黔西、川南、鸡西盆地等煤系气共探合采试验相继取得成功,预示着我国煤系气勘查前景良好。然而,我国目前以单一气藏勘探开发为主,煤系气共探合采尚处于探索阶段,深度大于1 000 m的煤系气勘查基本空白。针对多煤层发育区或煤层群发育区,将煤层、煤系泥质岩、煤系砂岩互层段作为统一目标层段进行综合评价和立体勘探开发,将极大地拓展资源评价领域和空间,增大潜在资源量与资源丰度,提高煤系气合采井的产能。因此,厘清煤系气概念,跟踪煤系气地质研究与勘探开发和技术进展,明确亟待解决的重要科学问题,对于完善煤系气地质理论、推动煤系气勘探开发具有重要意义[31]。

二、非常规油气的基本概念

非常规油气是指用传统技术无法获得自然工业产量、需用新技术改善储层渗透率或流体黏度等才能经济开采、连续或准连续型聚集的油气资源。非常规油气有两个关键标志和两个关键参数,两个关键标志为:① 油气大面积连续分布,圈闭界限不明显;② 无自然工业稳定产量,达西渗流不明显。两个关键参数为:① 孔隙度小于10%;② 孔喉直径小于1 μm或空气渗透率小于1 mD。非常规油气主要特征表现为源储共生,在盆地中心、斜坡大面积分布,圈闭界限与水动力效应不明显,储量丰度低,主要采用水平井体积压裂技术、平台式钻井-"工厂化"生产、纳米技术提高采收率等方式开采。非常规油气主要类型有致密油、致密气、页岩油、页岩气、煤层气、重油沥青、天然气水合物等(图1-4)[32]。

非常规油气的定义主要从以下几个角度考虑。

1. 从开发技术角度考虑

Etherington等[33]认为非常规油气藏是指需利用大型增产措施或特殊开采过程才能获得经济产量的油气藏。也有学者将非常规天然气定义为"除非采用大型压裂、水平井或多分支井或其他一些使储层能够更多暴露于井筒的技术,否则不能获得经济产量或经济数量的天然气"等。

资源类型	分布特征	聚焦类型	聚集形态	聚集机理	聚焦方式	资源比例	关键技术	实例
常规油气	单体型	构造油气藏	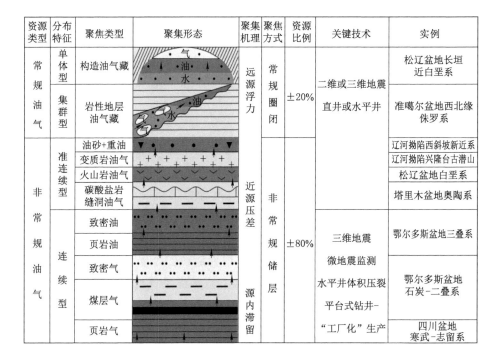	远源浮力	常规圈闭	±20%	二维或三维地震 直井或水平井	松辽盆地长垣 近白垩系
	集群型	岩性地层油气藏						准噶尔盆地西北缘 侏罗系
非常规油气	准连续型	油砂+重油		近源压差	非常规储层	±80%		辽河拗陷西斜坡新近系
		变质岩油气						辽河拗陷兴隆台古潜山
		火山岩油气						松辽盆地白垩系
		碳酸盐岩缝洞油气						塔里木盆地奥陶系
	连续型	致密油		源内滞留			三维地震 微地震监测 水平井体积压裂 平台式钻井- "工厂化"生产	鄂尔多斯盆地三叠系
		页岩油						
		致密气						鄂尔多斯盆地 石炭-二叠系
		煤层气						
		页岩气						四川盆地 寒武-志留系

图 1-4　油气资源类型与聚集方式

2. 从经济角度考虑

油气资源的经济性是美国早期区分常规与非常规油气的主要依据。如在20世纪70年代的早中期,美国大多数勘探地质学家将次经济和经济边缘的煤层气、页岩气、致密(低渗透)气看作非常规天然气。但从20世纪70年代后期开始,由于常规油气价格上涨和政府投资,上述天然气已变为经济可行性资源,因此一些勘探公司已不再将其划分为非常规天然气[34]。

3. 从地质角度考虑

Law 等[35]认为常规天然气与非常规天然气在本质上的区别为是否是在满足浮力作用原理所驱动下形成的矿藏,反映到分布形式上,常规天然气受圈闭控制而形成不连续分布形式,非常规天然气不受圈闭控制而在区域上呈连续分布形式。Dawson[36]认为,非常规储层与常规储层主要有以下区别:非常规储层(不包括致密气和碳酸盐岩)既是源岩又是储层;天然气原地生成(存在短距运移),不一定需要圈闭,但一般需要盖层,天然气因压力或储层低渗透性而被保持在储层中;常规储层是天然气的储存器,天然气生成于异地(源岩),然后运移至潜在储层,天然气的聚集要有圈闭存在,圈闭既可以是构造控制的也可以是地层控制的。

4. 从综合角度考虑

常规油气和非常规油气的区别是多方面的,因此从综合的角度对非常规油气进行界定显得极为重要。Singh 等[37]、Old 等[38]、Martin 等[39]、Cheng 等[40]将非常规油气资源定义为由于特殊的储层岩石性质(基质渗透率低,存在天然裂缝)、特殊的充注(自生自储岩石中的吸附气,甲烷水合物)以及/或者特殊的流体性质(高黏度),而只有采用先进技术、大型增产处理措施和/或特殊的回收加工才能获得经济开发的油气聚集。Vidas 等[41]认为可将非常规天然气资源定义为分布较分散、资源丰度较低、需要采取增产措施或应用其他技术才能进行生产的天然气资源。

非常规油气的概念是一个动态的且有着一定人为性的[42]。特别是从经济角度或开采技术条件方面对非常规油气的界定,动态效果更明显。随着社会技术力量的不断发展、油气价格的上涨或者勘探开发技术的进步,之前被看作非常规的油气将逐渐转化为常规能源[43]。

三、煤系非常规气体的涵盖范围

我国非常规能源资源丰富,非常规天然气资源量达 2.806×10^{14} m³,约 5 倍于常规天然气资源量。我国非常规天然气资源具有分布面积广泛,深中浅层系复合,海陆相沉积兼有,储层物性复杂,一般与常规能源共生共存等特点[43]。总体上,我国非常规天然气资源类型多,勘探程度低,资源潜力巨大,前景良好,但也存在储层物性差,分布不均衡,资源丰度低,单井产量低,开采难度大,技术工艺要求高等不利因素[8]。

本书研究的煤系非常规气主要包括了煤层气、天然气水合物、页岩气、致密砂岩气等几种气体。我国煤系非常规气资源丰富,仅是煤层气、页岩气、致密砂岩气等资源量就高达 $(6 \sim 7) \times 10^{13}$ m³。但其勘探程度低,开发利用程度也低,故拥有巨大的发展潜力。结合我国含煤岩系地层以及煤系非常规气体赋存条件等特点,并参考国内外非常规能源勘探开发的成功经验,确定我国煤系非常规能源勘探开发的重点区域和发展方向,这对于大力发展非常规能源、优化能源结构、加快生态文明建设等具有深刻的理论和实际意义。

目前我国针对煤层气的研究工作已经比较深入,相关技术也比较成熟,实现了工业化勘探开采。天然气水合物作为专家学者们预测的"第四代能源",是目前科研的热点问题。青海省木里煤田发现陆域天然气水合物实物样品,曹代勇等[44-45]、刘洪林等[46]的相关研究认为在该区域天然气水合物属于煤型气源,应归为煤系非常规气进行研究。页岩气目前是油气勘探方面的研究热点和重点,但是主要集中于海相巨厚泥岩方面。针对我国煤系地层的相关特征,有学者提出煤系页岩气的概念,但是实际工作未展开,本书对煤系页岩气研究做了尝试性的探讨。

第三节　天然气水合物研究现状

一、天然气水合物概念及基本特征

(一)天然气水合物的概念

天然气水合物(natural gas hydrate,简称 gas hydrate)是水和天然气在一定条件下(合适的温度、压力、气体饱和度、水的盐度、pH 值等)形成的外形类冰、非化学计量的、笼形结晶化合物(图 1-5)。其外形虽然似冰,但遇火即燃,故又有"可燃冰""固体瓦斯""气冰"等俗称。分子式为 M·nH_2O,其中 M 是气体分子,n 为水合指数(也就是水分子数)。组成天然气的成分如 CH_4、C_2H_6、C_3H_8、C_4H_{10} 等同系物以及 CO_2、N_2、H_2S 等可形成单种或多种天然气水合物。当形成天然气水合物的气体含量超过 99% 是甲烷分子时,通常称之为甲烷水合物(methane hydrate)[47]。

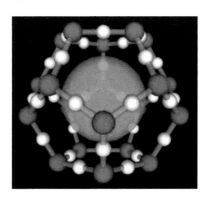

图 1-5　天然气水合物笼形结构

天然气水合物是 20 世纪科学考察中发现的一种新的矿产资源。1 m^3 的天然气水合物可以释放出 164 m³ 的天然气和 0.8 m³ 的水,密度为 0.88~0.90 g/cm³[48]。其能量密度是煤和黑色页岩的 10 倍左右,是一种能量密度高的能源。天然气水合物可直接燃烧,燃烧后几乎不产生残渣,是一种较清洁的能源[49]。其所含有机碳的总资源量相当于全球已知煤、石油和天然气的 2 倍,可满足人类未来 1 000 年的需求,为陷入能源危机的人类带来了新的希望。天然气水合物作为替代能源的希望,被誉为继煤炭、石油、天然气之后的"第四代能源"[50]。

(二)天然气水合物形成条件和赋存

天然气水合物在自然界中广泛分布在大陆、岛屿的斜坡地带,活动和被动大陆边缘的隆起处,极地大陆架以及海洋和一些内陆湖的深水环境中(图 1-6)。天然气水合物的形成主要受以下因素的控制,即温度、压力、气体成分与含量。具体来讲,要形成可燃冰,必须同时具备 3 个条件:一是低温(0~10 ℃);二是高压(>10 MPa 或水深 300 m 及更深);三是充足的气源。由于形成条件的制约,可燃冰通常仅分布在海洋大陆架外的陆坡、深海和深湖以及永久冻土带。大约 27% 的陆地(极地冰川冻土带和冰雪高山冻结岩)和 90% 的大洋水域是可燃冰的潜在区,其中大洋水域的 30% 可能是其气藏的发育区[51]。

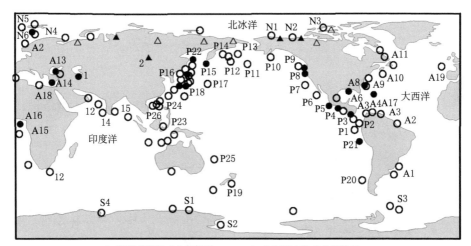

● 海洋或湖泊水合物样品　　▲ 永久冻土带水合物样品
○ 海洋与湖泊推测的水合物　　△ 永久冻土带推测的水合物

图 1-6　世界天然气水合物分布图(据 Kvenvolden 等[51],2001)

据估算,全球天然气水合物中甲烷的资源量大约为 3.114×10¹⁵~7.6×

10^{18} m³,其中陆相永冻区中的资源量为 $1.4 \times 10^{13} \sim 3.4 \times 10^{16}$ m³,海相为 $3.1 \times 10^{15} \sim 7.6 \times 10^{18}$ m³,海相资源相对较多。

（三）天然气水合物的分类

1. 按照储集类型分类

有学者对天然气水合物进行了多年的研究,认为天然气水合物储集存在 4 种类型(图 1-7):第一种是均匀分布在岩石的孔隙或裂隙中的良好分散状水合物;第二种是结核状水合物,认为其气体是深部迁移而来的热成因性质的;第三种是主要分布在近海区域和永久冰冻土中的层状水合物,呈分散状分布于沉积物薄层中;第四种是块状水合物,主要形成于断裂带等有较大储存空间的环境中[52]。

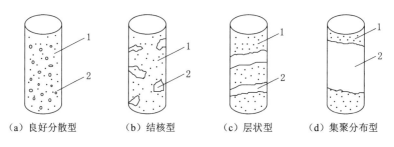

（a）良好分散型　　（b）结核型　　（c）层状型　　（d）集聚分布型

1—沉积物;2—天然气水合物。

图 1-7　天然气水合物储集类型分类

2. 按照结构类型分类

迄今,已经发现的天然气水合物结构类型有 3 种(图 1-8),即 Ⅰ 型结构、Ⅱ 型结构和 H 型结构[53]。

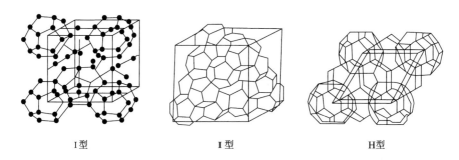

　　Ⅰ型　　　　　　　　Ⅱ型　　　　　　　　H型

图 1-8　三种天然气水合物的结构示意图

已经发现形成天然气水合物的 3 种基本笼形晶体空间结构呈现不同特征：Ⅰ型结构呈立方体，Ⅱ型结构呈菱形立方体，H 型结构显示为六方体。3 种结构晶体共有 5 种晶穴空间[54]。

3. 其他分类方案

天然气水合物根据物质组成、地质地理条件（产出环境）、生成与产气速率以及产状的不同，还可以分为其他不同种类（表 1-4）。

表 1-4 天然气水合物分类方案

分类依据	特征说明		
	具体划分	分类依据	分类说明
按物质组成分类	气源说	根据天然气水合物中 $[C_1/(C_1+C_2)]$ 值和 $\delta^{13}C$ 值判别甲烷气的成因	根据天然气水合物的物质组成（水和气）来分类，可以将水合物气分为：生物成因、热成因和混合成因
	水源说	根据孔隙水里的阴离子（Cl^-、SO_4^{2-} 等）、阳离子（Ca^{2+}、Mg^{2+} 等）以及氢、氧同位素的浓度比值来判定	
按地质地理条件分类	陆地水合物区	主要存在于大陆冻土层	可划分为天然气水合物稳定带和亚稳定带
	海洋水合物区	全球海域广泛存在	
按水合物生成和产气速率分类	水合物生成速率	由于地质和气体运移条件不同，天然气水合物生成速率不同	可以分为渗漏型和扩散型两类，其中渗漏型水合物生长速率快，扩散型则缓慢
	水合物产气速率	由于毗邻沉积层油气田远近及地质条件不同，水合物气田产气量和速度不同	可以分为三类
按生成产状分类	各学者划分不一	根据岩心取样观察到的水合物产状，或者水合物的聚集程度等	主要是天然气水合物在沉积层骨架中的胶结类型不同

二、国内外天然气水合物研究现状

（一）国外天然气水合物研究历史与现状

天然气水合物的研究历史在时间上虽然不算长，但却经历了诸多复杂而又曲折的历程（图 1-9）[54-56]。① 实验室发现（始于 1778 年）；② 野外发现（始于 1934 年）；③ 在永久冻土带地区开发油气田中的发现，在深海开展地球物理探

测及其海底取样调查中的发现(始于 1965 年)和早期钻探发现(始于 1968 年);
④ 大规模发现-发展阶段(始于 1972 年);⑤ 世界多国形成天然气水合物国家
五年计划或国家专项计划阶段(始于 1995 年);⑥ 工业性开发和钻探实验开发
井与开发前实验阶段。

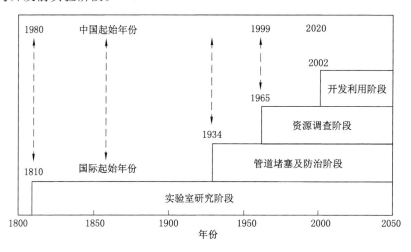

图 1-9　天然气水合物领域研究发展历程示意图[46]

国外对天然气水合物的研究始于 1810 年,英国科学家 D. Humphery 在进
行室内物理实验时发现了天然气水合物的存在。1888 年,V. Paululrich 人工
合成了天然气水合物(甲烷),人类对天然气水合物的重视程度逐渐增加。随着
科学技术的发展和社会的进步,对天然气水合物研究的步伐逐渐加快。在随后
的 200 余年的时间内,对天然气水合物开始进行广泛的研究,研究主要经历了
以下几个阶段[57]。

第一阶段是从 1810 年到 20 世纪 30 年代初。D. Humphery 于 1810 年在英
国伦敦皇家研究院实验室人工模拟并合成了水合物,并于 1811 年著书立说,将
其正式命名为"气水合物"。此后,各国科学家先后合成了各种水合物。1888
年,V. Paululrich 在实验室合成了 CH_4、C_2H_6、C_2H_4、C_2H_2 等的水合物。但是,
在此期间对"气水合物"的认识和研究仅仅停留在实验室阶段,并未在工业上有
实质性的突破和进展。

第二阶段是从 1934 年到 20 世纪 50 年代。美国学者 H. Hammerschmidt
发现了天然气水合物造成输气管道堵塞的工业有关数据,天然气水合物在管道
中运输时所产生的负面效果加深了科学家对天然气水合物及其性质研究的兴

趣。在此阶段,天然气水合物的组成、相态平衡、结构、生成条件及各影响因素是人们的主要研究内容,研究的目的是预防和清除工业水合物。

第三阶段是从 20 世纪 60 年代至今。在此阶段,全球范围内形成了对天然气水合物大范围勘探、普查、开发的格局。20 世纪 60 年代到 70 年代,人们发现了以固态形式存在于地壳中的天然气水合物。1969 年,苏联的麦索亚哈气田被发现并进行了试采可燃冰。1972 年,美国在阿拉斯加北部的永久冻土层中取出水合物。从 20 世纪 80 年代开始,人们进行了深海天然气水合物的研究,天然气水合物的研究也进入了全面发展的新阶段。天然气水合物作为清洁、高效并且蕴藏量巨大的能源更加引起了全世界的关注,并进入实际开发阶段。

由于各国投入大量的人力、物力、财力,对天然气水合物进行深入研究,所以近年来天然气水合物成为科学研究的热点。目前,已有超过 40 个国家与地区开展了天然气水合物的调查研究工作(表 1-5)[58-59]。

表 1-5 国际关于天然气水合物的科研项目情况

国家	计划、项目及投资	执行时间	主要目标任务
美国	国家甲烷水合物多年研发计划(每年投资超过 1 500 万美元)	1999—2015	国家目标:① 建立全球水合物数据库;② 2010 年解决开采技术问题;③ 2015 年实现商业开采;④ 评价对国家能源安全的贡献;⑤ 评价对全球能源市场的贡献;⑥ 评价开采水合物对常规油气生产的影响。科学问题:① 水合物资源评价;② 商业开采技术;③ 量化在全球资源和碳循环中的作用;④ 对常规油气生产安全影响;⑤ 对海底稳定性影响
日本	甲烷水合物开发计划(2001—2016)(每年投资超过 1 亿美元)	2001—2003	甲烷水合物分布调查(同"甲烷水合物资源调查研究项目"一并执行),定井位
		2004	钻井取心
		2004—2005	陆上二次开采试验(马更些三角洲)
		2006 年以后	第一阶段:开始海上开采试验,确定南海海槽富集区,准确评价资源,研究深水区软层钻井和完井技术以及提高采收率技术,评估开采对环境的影响
		2007—2011	第二阶段:开采试验和技术经济评估
		2012—2016	第三阶段:商业开发评估和确认

表 1-5（续）

国家	计划、项目及投资	执行时间	主要目标任务
德国	地球工程-地球系统"从过程认识到地球管理"计划	2000—2015	"气体水合物能源载体和气候因素"：水合物物性、赋存和分布定量研究，对油气勘查作用和取样、开采技术研究
加拿大	加拿大地球科学断面计划	2004	建立约束勘探模型；研发合适水合物开采方法；潜在效益与区域经济发展
韩国	水合物长期发展规划	2004—2013	远景区详查；评价和开发、运输和储存技术、安全生产技术
中国	国家专项，总投资 8.1 亿人民币	2002—2011	中国南海天然气水合物调查
日、俄、韩、德、比利时	CHAOS 项目	2005	鄂霍次克海烃水合物富集条件和渗漏系统水合物调查
美国	矿物管理服务研究发展计划	2004—2006	墨西哥湾渗漏系统水合物观测研究
日、加、美、印	陆上水合物二次开发试验	2005	永冻区水合物试验性开采
美国	墨西哥湾钻井项目	2004	钻井 16 口，取心井和测试井

全球 116 个地区发现了天然气水合物存在标志或实物样品，其中，陆地 38 处（冻土带），海洋 78 处[54,59]。其中有 25 处取得了实物样品（其中海域 22 处，陆域 3 处）。

（二）多年冻土区天然气水合物的研究

1946 年苏联学者最先提出在永久冻土带有可燃冰的假想，目前，冻土区内发现的天然气水合物产地主要分布在俄罗斯、美国和加拿大等国的环北冰洋冻土区（表 1-6）。由于冻土区水合物的调查、钻探和开发条件相对经济、简单，所以人们希望通过在冻土区获得天然气水合物实践经验再推及海底天然气水合物勘探开发实践中，所以冻土区天然气水合物的调查具有重要的战略先导意义。

表 1-6 世界多年冻土区已发现天然气水合物的特征[60-61]

地点		俄罗斯麦索雅哈	美国阿拉斯加	加拿大马更些三角洲	中国青藏高原
地理位置	经度/(°)	71	69～71	69.5	32～37
	纬度/(°)	86	146～160	134～135	75～94
多年冻土厚度/m		320	174～630	510～740	28～128.5
冻土层内地热梯度/(℃/100 m)		0.6	1.5～4.5	1.8	1.1～3.3
冻土层下地热梯度/(℃/100 m)		1.8	1.6～5.2	2.7	2.8～5.1
水合物埋深/m		500～1 500	320～700	800～1 300	100～1 200
气体成因		热成因与生物成因混合	微生物成因和热成因混合	热成因来源	热成因来源
气体成分含量/%		甲烷>99	甲烷83～88，乙烷5～7，丙烷1～2	甲烷>99	甲烷53～75，乙烷7～14，丙烷4～21
产出层位		砂岩、页岩	砂岩、页岩、砾岩	砂岩、页岩	砂岩、页岩、泥岩
形成时代		更新世早期	上新世末至今	渐新世—上新世	中侏罗世

（三）我国天然气水合物的研究现状

与国外相比，我国在天然气水合物领域的调查研究起步较晚，直到 20 世纪 90 年代才开始逐渐投入一定的人力、物力和财力针对天然气水合物进行系统性的调查研究，研究区域主要集中在海域，特别是在南海北部陆坡区[49]。

2007 年，我国在南海神狐海域开展了天然气水合物专项钻探，获得了天然气水合物的实物样品，取得了海域天然气水合物调查研究的突破。2009 年，在青藏高原北缘祁连山冻土区钻得样品；2013 年，在南海北部陆坡神狐海域开展关于天然气水合物沉积层特征的研究，发现了高饱和度的天然气水合物层。

2015 年，在我国神狐海域钻探发现了具有超大型、大厚度、高孔隙度、高饱和度特征的天然气水合物矿藏，通过重力取样器取得海底浅表层水合物样品，为海域水合物开采指出了重要目标区域。

2017 年，我国南海神狐海域进行的天然气水合物首次试开采成功。2019 年 10 月正式启动第二轮试采海上作业，于 2020 年 2 月 17 日试采点火成功，持续至 3 月 18 日完成预定目标任务。第二轮试采创造了"产气总量 86.14 万 m³，日均产气量 2.87 万 m³"两项新的世界纪录。同时,实现了从"探索性试采"向"试验性试采"的重大跨越[62-63]。

冻土区的调查研究相比于海底天然气水合物调查研究滞后,但是冻土区天然气水合物研究的重要意义得到了中国地质调查局和国家自然科学基金委的高度重视,中国地质调查局自 2002 年起,相继设立了"青藏高原多年冻土区天然气水合物地球化学勘查预研究""我国陆域永久冻土带天然气水合物资源远景调查"等多项调查研究项目,"青藏高原多年冻土区天然气水合物的形成条件探讨"的面上科研项目是国家自然科学基金委于 2005 年设立的,这些项目旨在针对青藏高原冻土区的地质、地球物理、地球化学和遥感等方面进行探索性调查和评价工作。初步调查研究结果显示,青藏高原特别是羌塘盆地具备良好的天然气水合物成矿条件和找矿前景,其次是祁连山木里地区、东北漠河盆地和青藏高原的风火山地区等[64]。2009 年在青藏高原冻土区天然气水合物的发现,进一步证明了我国在陆域也存在天然气水合物。2016 年 6 月 29 日,中国地质调查局采用定向钻探技术设备,在祁连山木里永久冻土区域,成功实现两口天然气水合物试采井地下水平对接,建立开采通道进行试采。目前,在黑龙江漠河盆地[65-66]以及内蒙古拉布达林盆地[67]等地开展的陆域冻土区天然气水合物勘查工作,显示出较强的非常规气体异常反应,表明我国天然气水合物资源前景十分广阔。

天然气水合物的勘探开发是一项综合型、技术难度高、经济消耗大的超级工程,涉及海洋工程、勘探、开发,乃至材料、通信、信息等众多技术领域,需依靠各领域的专家共同努力,研发出一系列配套高新技术装备。只有在技术装备上缩短与国外先进水平的差距,才有可能使中国天然气水合物的找矿和开发取得突破性进展,并加速其勘探开发进程[55]。

第四节　页岩气研究现状

一、页岩气概念

按照国内外的页岩气勘探经验来看,煤系页岩气从泥页岩单层厚度、生气特点、聚集规律与保存条件等多方面均与海相页岩有很大区别,相对于海相页岩气广泛而有深度的研究,煤系页岩气的研究相对滞后许多。

煤系页岩气,是指富有机质的煤系泥页岩经过生排烃后残留在泥页岩层段

(包含砂岩夹层)内的天然气。煤系地层发育有厚度较大、有机质含量较高的细粒碎屑岩地层,这些岩层厚度在含煤岩系地层中的百分比较高。含煤岩系地层中除煤层外,暗色泥岩、碳质泥岩、砂质泥岩等粒度较细的岩层广泛发育。其生成环境主要为海陆交互相与陆相沉积,含气页岩在垂向上与砂岩、煤层呈互层分布,旋回性明显。碳质泥岩、暗色泥岩有机质含量高,吸附性强,具有较好的页岩气生烃潜力;砂质泥岩具有较大的孔隙度,渗透率条件也相对较好,可以作为页岩气自生自储、短距运移的良好储气空间。含煤岩系地层发育多种有机质类型,其中以Ⅲ型干酪根(称为腐殖型)为主,其具有低氢、高氧元素特征,以多环芳烃及含氧官能团为主,饱和烃含量很低,对生油不利,但是可以作为良好的生气来源物质。我国的含煤盆地在经历了多期构造运动作用之后,均已进入了生气高峰期,所以煤系页岩气具有良好的成藏能力。

二、煤系页岩气的基本特征

1. 煤系页岩分布特征

我国煤系页岩广泛分布于东北、华北、南方和西北地区,石炭-二叠纪煤系页岩主要分布在华北、华南以及西北地区的准噶尔盆地,晚三叠世-早、中侏罗世煤系页岩主要发育在南方地区的四川盆地、东北地区的松辽盆地及西北地区的塔里木盆地、准噶尔盆地和吐哈盆地。煤系页岩单层厚度薄(<15 m),累计厚度大(最大可超过 500 m)(表 1-7)。如南方二叠纪煤系页岩最大单层厚度 25 m,累积厚度 10~125 m;塔里木盆地克孜勒努尔组煤系页岩最大累积厚度可达 700 m[68]。

2. 煤系页岩储层特征

煤系页岩储层脆性矿物含量控制储层孔隙和微裂缝发育及页岩含气性等特征;相对于脆性矿物,黏土矿物更有利于储层微孔发育,且具有较强的页岩气吸附能力,影响页岩气的赋存状态和开采工艺。煤系页岩矿物组成与海相页岩差异较大,对比中国煤系页岩与北美 Barnett 页岩(图 1-10),发现中国煤系页岩储层矿物以黏土矿物为主,脆性矿物含量相对低,特别是碳酸盐岩矿物明显低于海相页岩。较低的脆性矿物含量降低了储层抵抗压实作用的能力,造成煤系页岩储层低孔低渗的特征。

3. 含煤岩系地层生烃特点

煤系泥页岩与海相泥页岩相比,生烃母质差异较大。即便煤系泥页岩与湖相泥页岩同属陆相沉积,由于其沉积环境和有机质母源输入及有机物产状等方

表 1-7　中国部分煤系页岩特征[68]

地区	层位	页岩厚度/m	TOC/% 范围/平均	R_o/% 范围/平均	黏土矿物含量/% 范围/平均	孔隙度/% 范围/平均	有机质类型	来源
松辽盆地	营城组	110~600	0.5~4.0/1.76	0.96~2.33/1.19	39.2~67.9/56.71	0.89~5.8/13.52	II_2+III	周卓明等
鄂尔多斯盆地	太原组	20~71	1.38~14.37/4.06	3.21~3.23/3.22	4.0~94/61.18	0.66~4.41/2.68	II_2+II	周帅等
鄂尔多斯盆地	山西组	19~117	0.51~31.5/2.87	2.64~2.70/2.65	21~96.5/57.6	0.29~5.01/3.47	II_2+III	
沁水盆地	太原组	7~82	0.35~3.96/1.89	1.14~2.46/2.03	53~62/56.7	2.34~5.47/4.27	II_2+III	李贤庆等
沁水盆地	山西组	20~90	0.09~20.73/13.06	1.12~3.11/1.92	50~63/58.0	2.15~6.96/4.21	II_2+III	
渤海湾盆地	太原组	40~180	0.1~5.3/2.30	0.5~2.8/1.2	—/64.83	2.3~4.7/3.1	II_2+III	叶欣等
四川盆地	龙潭组	20~60	0.85~35.7/7.51	1.96~2.40/2.22	20.3~92.3/61.9	0.56~16.51/5.42	II	张吉振等
南华北盆地	山西组	19~65	0.77~5.10/2.71	0.42~7.81/—	—/56.13	0.81~9.8/4.21	II_2+III	郭少斌等
塔里木盆地	克孜勒努尔组	50~700	1.9~15.86/8.6	0.6~1.6/—	50~60/54.35	0.21~11.02/2.6	III	邹才能等
准噶尔盆地	八道湾组	50~350	0.6~35.0/3.3	0.5~2.5/1.0	50~60/57.2	2.45~5.14/3.77	III	邹才能等
吐哈盆地	西山窑组	100~600	0.5~20.0/1.0	0.4~1.6/0.7	25~55/49.87	3.45~3.53/3.49	III	邹才能等

注："—"表示暂无数据。

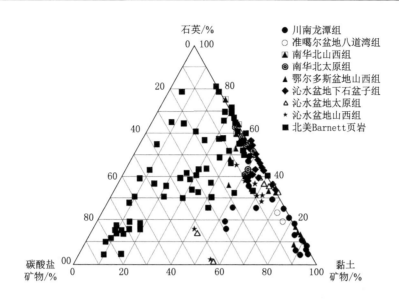

图 1-10　中国煤系页岩与美国典型页岩矿物组成

面存在较大差异,其有机质丰度和母质类型亦表现出较大的差异,如煤系有机质主要为Ⅲ型干酪根,部分地区为Ⅱ₂型,与Ⅰ、Ⅱ型干酪根生烃模式有明显不同,没有明显的液态烃裂解形成的生气高峰,干酪根母质决定生烃特征为长期持续生成气态烃(干酪根直接生成小分子团气态烃)。煤系页岩气比海相页岩气更早进入富集页岩气窗(图 1-11),随着有机质演化程度的提高,不断有气体生成,因此,煤系页岩气富集窗范围显然更大。煤系泥页岩生液态烃效率低,以生气态烃为主[23]。

4. 含煤岩系地层排烃特点

煤系泥页岩干酪根类型与煤岩相同,TOC 含量低于煤岩,但通常比海相页岩要高。其生排烃特点应介于二者之间且更接近于煤岩,如煤系页岩气以吸附态为主(吸附态明显比游离态多),排烃滞后且相对困难等。煤系排烃高峰滞后于生烃高峰,煤岩大量生烃满足其自身吸附后才大量排烃(图 1-12)[69]。

煤岩经历生排烃高峰后,生烃速率降低,由于煤岩的强吸附能力,导致生烃速率较低、排烃困难、残留烃增多。海相页岩在主生烃期结束后还有一段时间的排烃,煤则没有,这是因为煤的吸附性比较强,在生成的烃类比较少的情况下很难排出烃去。总的来说,海相的排烃率要比煤的大。煤系页岩应具有相似的性质,即在演化后期,生烃速率降低导致排烃困难,残留烃增多[69],这恰恰为煤

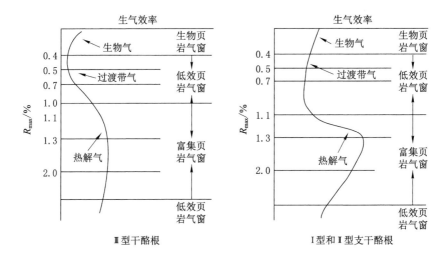

图 1-11　不同类型有机质页岩生烃特征对比

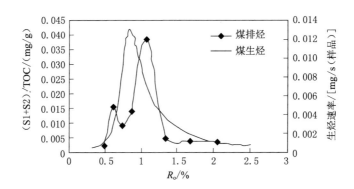

图 1-12　库车阳霞煤升温条件下生、排烃比较图

系页岩气富集提供了基本条件。

　　煤系烃源岩排烃机理与一般泥质烃源岩的排烃机理是类似的,即必须满足烃源岩排烃的临界条件,排烃过程的演化都遵循水溶、油溶到气溶式运移等。煤系烃源岩特殊的结构特征决定了其排烃门槛高、排烃动力弱,具有更高的排烃难度。因此,对于煤系烃源岩的研究还有很多问题需要解决。

　　5. 煤岩盖层对页岩气的保存作用

　　页岩气是一种非常规天然气,自生自储,煤系页岩气中吸附态明显比游离态多,所以页岩气具有较强的抗构造破坏能力,但这也不意味着页岩气聚集不需要考虑保存条件。在美国页岩气开发中,由于页岩地质构造相对简单,页岩气的保存条件不被重视。而中国页岩与之相比发育多期构造,对煤系烃源岩及其盖层均有很大影响。因此,中国的页岩气开发不得不考虑保存条件的重要性。

(1)煤系泥岩自身对页岩气的保存能力

作为自生自储的连续型非常规天然气藏,煤系泥岩(页岩)本身就是页岩气保存的第一道屏障。前面对煤系页岩气生排烃等方面的论述可以使我们较全面地了解煤系烃源岩的特点,其中,较高 TOC 是其最主要的特征之一。煤系泥页岩高的 TOC 含量在页岩气保存方面具有重要影响,甚至超过 TOC 对生气量的影响,高的有机质含量使得煤系泥页岩的吸附能力显著增强,这也是其具有较强抗构造破坏能力的原因之一。

(2)不同岩性组合对页岩气保存的影响

岩性组合的多旋回性是煤系的一个重要特点,其中煤、泥页岩、砂岩是煤中最常见的三种主要岩性,而不同的岩性组合对于页岩气的保存有很大影响。这种岩性组合的旋回性使得煤系页岩气具有"多源、多储、多盖"的特点,使得煤系页岩气具备更强的保存能力,这对页岩气的保存非常有利。

通过吐哈盆地台北拗陷探井的剖面压力分析与计算,发现煤系地层出现两种不同的压力分布模式:当以煤岩与泥岩为主的岩性间互存在时,煤岩超压呈"指峰"状展布;当以煤岩与砂为主的岩性间互存在时,煤岩多无超压现象,只有少数煤岩出现较小的超压特征。同理可知,煤系泥页岩与煤、砂岩应具有相似的性质(图 1-13)。

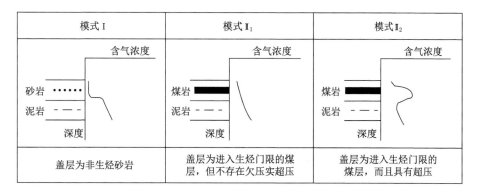

图 1-13 煤系不同岩性盖层烃浓度封闭模式示意图

模式Ⅰ为煤系砂岩对页岩气的浓度封闭作用。可以发现:当煤系页岩气运移至不生烃的砂岩时,砂岩对页岩气基本不具有浓度封闭作用,所以,这种模式的页岩气的保存只能依靠自身的烃源岩。模式Ⅱ为煤岩对页岩气的浓度封闭作用,分为两种:模式Ⅱ₁为煤层进入生烃门限,但煤层中不具有超压;模式Ⅱ₂为煤层进入生烃门限且具有超压。可以得出:煤层对页岩气的保存均具有较强的浓度封闭作用,尤其是具有超压的煤层对页岩气具备超强的浓度封闭作用。

综上可以得出:与海相页岩气相比,煤系页岩气具备更好的保存条件。因为不仅煤系泥页岩具有更强的吸附能力,而且煤岩盖层也具有很强的浓度封闭作用。

6. 煤层的封闭作用

煤层的封闭作用主要表现为三种形式:压力封闭,对于水溶相气体的封闭以及浓度封闭。

(1) 压力封闭作用

煤层由于大量生烃产生高压,泥页岩也会因为生烃而压力增大,可以认为两套相邻的烃源岩层同时生烃,但是煤层的生烃能力更强,压力更大,对煤系页岩气有很强的浓度封闭作用(图 1-14)。这样就使两套地层相互阻碍排烃,而有利于煤层气及煤系页岩气的保存。

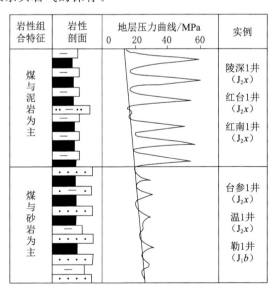

图 1-14 含煤岩系地层压力变化情况

（2）煤层对水溶相气体的封闭作用

水溶相天然气不同于游离相天然气,它不是独立相态,而是以溶解形式存在于孔隙水中,其表现形式是液相,煤岩盖层对水溶相天然气的封闭实质上是对孔隙水的封闭。煤岩中黏土矿物含量很高,而黏土矿物具有很强的亲水性。煤层盖层孔隙水可以分为两大类,一种是结合水,另一种是自由水。最接近黏土颗粒表面的结合水称为强结合水,其外层为弱结合水。由弱结合水至强结合水,黏土颗粒表面的吸附力越来越大,也就是说,泥质岩盖层对水溶相天然气的封闭能力最强(图 1-15)。

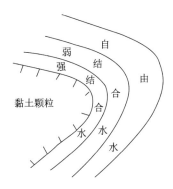

图 1-15　黏土矿物颗粒与孔隙水类型之间关系示意图

（3）煤层的浓度封闭作用

由于煤岩盖层的生烃能力,盖层内孔隙水中的含气浓度明显大于正常压实地层孔隙中水的含气浓度,从而起到封闭烃类气体的作用。煤岩盖层的浓度封闭作用主要取决于煤岩盖层的生烃质量的好坏,煤岩盖层生烃质量越好,其替代下伏天然气向地表方向的扩散作用越强,反之则越弱。

虽然煤系地层泥页岩的分布在垂向厚度和平面展布状况上均不如海相巨厚泥页岩稳定,但是煤系地层有机质含量极高,Ⅲ型干酪根生气潜力巨大,粉砂质夹层的储集性能优越,保证了煤系页岩气藏的发育,在煤系地层中可能获得我国页岩气勘探开发的突破。

三、煤系页岩气赋存状态

煤系页岩气赋存状态包括吸附气、游离气和溶解气等几种状态。吸附态煤系页岩气的存储空间主要由微孔提供,而游离态煤系页岩气由中孔、宏孔和微裂缝提供赋存空间,溶解态煤系页岩气含量极少,主要溶解于页岩有机质、沥青质和孔隙水中。煤系页岩气赋存状态本质上取决于储层孔隙结构。姚海鹏等[70]通过研究鄂尔多斯北部晚古生代煤系页岩,认为受孔壁分子的影响,距有机质孔壁1.5 nm范围内的空间为吸附态页岩气区域,而距孔壁1.5 nm区域之外,基本不受孔壁分子影响,页岩气以游离态存在。因此,页岩气在微孔中受孔隙表面分子作用力的影响,主要以吸附态的形式存在,而在中孔和宏孔中主要以层流渗透和毛细管凝聚作用为主,游离态是其主要存在形式。因此,游离态页岩气含量随着孔径增大而增加,孔隙体积越大,为游离气提供的赋存空间越大。

吸附气是煤系页岩气的主要组成部分,煤系页岩气成藏在一定程度上受到煤系页岩吸附能力的影响。不同赋存状态的煤系页岩气在储层环境发生改变时可以互相转化,如当地层温度升高时,甲烷分子活性增大,页岩表面对气体吸附能力下降,吸附态煤系页岩气会解吸向游离态转化。

四、煤系页岩气富集影响因素

1. 有机质特征

有机质含量是决定页岩气富集程度的重要因素,它是煤系页岩生气的物质基础,决定了煤系页岩的生气能力。有机质对煤系页岩气的吸附性强,在富有机质页岩中,约有90%的孔隙为有机质孔,为吸附态页岩气提供附着位置,影响吸附气含量大小,同时有机质孔是游离态页岩气的赋存空间之一。在地质条件和演化程度相同时,页岩生气强度、吸附能力大小及游离气赋存空间的多少与页岩中有机碳含量有明显的线性相关性。煤系页岩含气量随着有机碳含量的增加而增多[图1-16(a)]。在外界条件相同时,富有机质页岩拥有更多的有机质孔和表面积,因此高有机质含量意味着页岩拥有更强的生气能力和含气性[68]。

有机质成熟度是控制页岩生烃量的重要因素,生气量越高越有利于页岩气富集成藏。研究发现,煤系页岩含气量随有机质成熟度的增大而增加[图1-16(b)]。这是因为,有机质成熟度增加,有利于有机质孔发育和孔隙内表面积增加,提升了煤系页岩吸附能力和游离气存储空间。但是,当有机质成熟度高于一定值时,煤系页岩的吸附能力会随有机质成熟度的增加有逐渐减小的趋势。

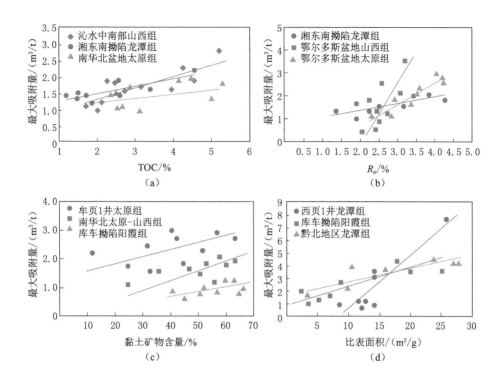

图 1-16 我国煤系页岩最大吸附量影响因素[68]

2. 储层矿物组成

Ross 等[71]通过研究页岩储层矿物组成和孔隙特征对页岩含气性的影响，认为中孔和微孔主要形成于有机质和黏土矿物中，是吸附态页岩气的赋存空间，游离态页岩气主要富集于宏孔和微裂缝中；孔隙度和微孔含量随着黏土矿物含量增加、脆性矿物含量减少而增加。脆性矿物含量的增加有利于增强储层的造缝能力，同时会降低页岩的孔隙度，特别是方解石的胶结作用，会进一步减少页岩孔隙含量，不利于页岩气富集储存。

煤系页岩中黏土矿物含量影响页岩气吸附，Jarvie 等[72]研究相同压力和 TOC 含量条件下的 Barrent 页岩，发现黏土矿物含量为 45% 的页岩单位体积吸附量是黏土矿物含量为 7% 的近两倍。通过研究煤系页岩黏土矿物含量与页岩气吸附量之间的关系可以发现，煤系页岩气吸附量随着黏土矿物含量的增加而增多[图 1-16(c)]。同时，任泽樱等[73]研究库车拗陷东北部侏罗系相同有机质类型中 TOC 含量、成熟度相近的黑色页岩吸附能力的差异，发现黏土矿物含量为 52% 的页岩吸附能力大于黏土矿物含量为 24% 的页岩吸附能力。这是因为一方面黏土矿物含量的增多,有利于微孔、中孔的发育,增加了孔隙比表面积,提升了页岩吸附能力,有利于煤系页岩气富集;另一方面,黏土矿物在有机质热演化过程中可能起催化剂作用,促进了有机质热演化程度,有利于提高煤系页岩生气量。不同类型的黏土矿物吸附能力也有所差异,一般认为伊利石与蒙脱石对页岩气的吸附能力强于其他类型的黏土矿物。这可能是因为微观结构不同造成的。研究发现,伊利石在高倍扫描电镜下主要呈扭曲状,蒙脱石具有微层理,层面之间形成了狭缝状连通孔隙,这种结构增加了孔隙的比表面积,有利于黏土矿物吸附能力的提升。同时在蒙脱石向伊利石转化的过程中会形成微裂缝,有利于页岩气的富集。

3. 储层孔隙结构

页岩储层孔隙及微裂隙是页岩气主要的储存空间,因此孔隙和微裂隙的发育决定了煤系页岩含气性大小。储层孔隙的孔容与孔径分布主要影响页岩气的赋存形式,微孔和中孔比表面积是煤系页岩孔隙比表面积的主要组成部分,孔隙比表面积越大,吸附能力越强,越有利于页岩气富集[图 1-16(d)]。同时微孔孔径较小,甲烷分子受孔隙表面分子作用影响强烈,因此微孔和中孔含量增多有利于吸附态页岩气的富集。Chalmers 等[74]发现页岩含气量与孔隙度之间存在正相关关系,所以孔隙度的增大有利于页岩气的富集,这可能是因为储层孔容随孔隙度增加而增加,为游离气富集提供空间。渗透率主要影响游离态页岩气的富集,渗透率增大有利于游离态页岩气的流通,在压力作用下,页岩气从存储饱和孔隙流向未饱和孔隙,游离态页岩气的含量增加。

4. 岩性组合

与海相页岩地层岩性组合不同,煤系页岩常与煤层、砂岩、灰岩互层。当煤系页岩与砂岩互层时,煤系页岩气会运移至砂岩层,砂岩的封盖能力较差,促使煤系页岩气不断逸散至砂岩地层,形成致密砂岩气,不利于煤系页岩气富集。当煤系页岩与煤层互层时,煤层作为有机质聚集体,生气能力远大于煤系页岩,且生气量远大于其储存能力,产生压力封闭作用,阻止煤系页岩气藏逸散。在气体压力作用下,一部分煤成气将会运移至煤系页岩岩层,形成混合气藏,对煤系页岩气进行补充,增加煤系页岩岩层含气性,有利于煤系页岩气富集。

5. 其他因素

前人研究发现,一些外部因素对煤系页岩气成藏也有一定的影响,主要包括温度、压力和页岩含水率。

温度主要影响页岩气赋存状态和含气性。前人研究证明,页岩吸附能力随着温度的升高逐渐降低,鄂尔多斯和巢湖地区煤系页岩样品随着温度的增高,吸附量逐渐降低(图1-17)。这是因为随着温度升高,甲烷分子活性增大,孔壁分子对甲烷分子的影响力降低,吸附能力下降。此外,页岩气吸附为放热反应,温度升高会降低吸附能力。因此在温度较高时,页岩气主要以游离态存在。

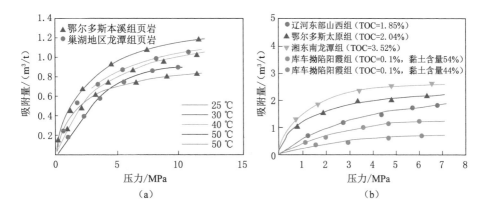

图 1-17 煤系页岩等温吸附曲线

由图1-17可知,页岩气吸附能力随地层压力增大而增强。当地层压力增大时,孔隙表面吸附页岩气所需结合能较少,吸附能力增加。压力对游离态页岩气赋存也有一定影响,页岩气的压缩率随着地层压力的增大而增大,使孔隙内游离态页岩气含量增加。同时,压力增大有助于页岩气从赋存饱和孔隙充注到未饱和孔隙中。

储层中水分的存在占据了储集空间,不利于页岩气的富集。综合分析前人观点可以发现,水分不利于页岩气吸附的原因为水分与页岩气存在竞争吸附关系,并且有些孔隙表面具有亲水性,更倾向于吸附水分子,使得页岩气吸附附着点减少,削弱了页岩吸附能力。当页岩含水量较大时,可能会占据游离态煤系页岩气充注空间,不利于页岩气富集。

五、煤系页岩气有利储层优选

我国煤系页岩气勘探开发尚处于探索阶段,相关理论研究较浅,尽管不同地区煤系页岩发育规模、页岩质量、地层层序等方面具有相似性,但我国地质条件复杂,不同地区煤系页岩沉积环境、热演化程度、埋藏深度、有效厚度等不同,导致页岩气在产气、富集成藏等方面有所差异。因此煤系页岩气勘探开发应考虑煤系页岩有效厚度、埋深、R_o、区域构造及含气量等因素,以便确立成藏有利条件优选标准。

有机碳含量是煤系页岩气生成的先决条件,只要存在有机质,就有可能形成页岩气。但要形成技术可采的商业性页岩气藏,需要有机质达到一定的丰度。参照海相页岩气的标准及前人对煤系页岩生烃潜力的研究成果,可将煤系页岩气成藏有利条件优选评价的有机碳含量下限定为2.0%。

有机质热演化程度决定了有机质是否进入大规模生气阶段,II_2型和III型有机质分别在R_o为0.7%和0.5%时进入大规模生气阶段。煤系页岩有机质类型以III型为主,部分为II_2型,因此,可以考虑将煤成藏有利条件优选评价的有机质热演化程度下限定为0.7%[68]。

含气量是页岩气藏商业价值评价的重要标准,川南龙潭组煤系页岩含气量为1.00~9.42 m^3/t,鄂尔多斯盆地东南部山西组煤系页岩现场解吸气含气量为0.591~4.05 m^3/t,平均为1.3 m^3/t。结合煤系页岩实测含气量及前人对煤系页岩气成藏有利区的选取标准的研究成果,将煤系页岩成藏有利条件优选评价参数体系中含气量的下限定为1.0 m^3/t。

煤系页岩脆性矿物含量较海相页岩低,黏土矿物含量高于海相页岩,孔隙度发育情况与海相页岩一致,一般小于10%。参照海相页岩有利区评选标准,结合中国煤系页岩储层物性特征,认为煤系页岩成藏有利条件优选评价的脆性矿物含量应大于30%,黏土矿物含量小于50%,孔隙度最低标准为2%。

煤系页岩气成藏有利条件一般要求构造稳定,区域封闭性较好,有利于煤系页岩气保存。煤系页岩一般经历了较多的构造沉降-抬升过程,页岩气藏一般埋层较深,因此煤系页岩成藏有利条件优选要求页岩埋深大于1 000 m。

六、国内外页岩气研究现状

(一)国外页岩气研究现状

现今世界范围内有30多个国家开展了页岩气勘探开发,其中美国、加拿大的页岩气产业化生产一路领先,欧洲、澳大利亚等国紧随其后。当前我国页岩气开发尚处于工业化试采阶段,页岩储层整体上热演化程度不高,储层厚度偏小,在地质、技术及经济等方面存在明显不足。经多年探索,我国页岩气储量评价和有利区筛选初见成效,但仍未取得突破性进展[75]。

1. 美国

美国页岩气勘探历程分为极低产量、技术突破、高速增长 3 个阶段（图 1-18）。美国自 20 世纪 80 年代初 Barnett 页岩气区发现以来,已有 13 个页岩油气区陆续投入商业开发,特别是 21 世纪以来页岩气开发势头迅猛。美国天然气产量的大幅度增长主要来自页岩油气产区的贡献,其页岩气年产量由 2000 年的近 1.0×10^{10} m³,快速增长到 2015 年的近 4.0×10^{11} m³(仅限于干气产量),已占到美国天然气年产总量的 50%。美国能源信息署(EIA)2016 年度能源展望报告的数据显示,2015 年美国天然气进口量为 2.83×10^{10} m³,供需基本平衡,两者仅差 3%,预计到 2040 年美国的原油生产量与消费量缺口仅有 7%,日进口量只有 150 万桶。由此看来,依靠页岩油气资源的规模效益开采,美国正在逐步实现能源独立[76]。

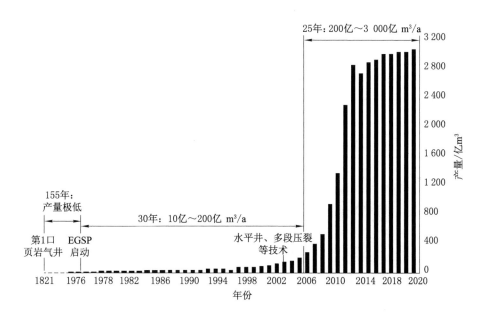

图 1-18 美国页岩气勘探历程及页岩气产量快速增长过程[75]

2. 加拿大

加拿大是第二个成功开发页岩气的国家,根据其国家能源理事会报告,其国内页岩气总储量高达 4.25×10^5 亿 m³,主要集中于不列颠哥伦比亚省 Monteny 页岩段和新斯科舍省的 Horton Bluff 页岩带。加拿大页岩气开发技术主要依赖于国外引进和国内研发,其国内的油气管网高度发达,页岩富集带所产的页岩气在满足本国消费的同时,可通过洲际管网输送至美国、墨西哥等国家。

3. 欧洲

据 EIA 不完全统计,欧洲约有 1.3×10^5 亿 m^3 的可采页岩气储量,相当于美国储量的 80%。但由于受油气开采能力、开采难度及环境因素的影响,欧洲页岩气开发前景存在非常多的不确定性,在未来一段时间内很难达到商业化水平。欧洲页岩气开发缓慢的原因主要有:高成本开发、气价的不确定性、公众对页岩气开发的接受程度较差、天然气管网建设不完善等。

4. 其他国家

除以上国家和地区外,澳大利亚、阿根廷等国也具有丰富的页岩气资源。澳大利亚学术研究委员会于 2004 年发布报告,澳大利亚拥有高达 3.0×10^6 亿 m^3 页岩气储藏,但要想实施全面开发,还有待成熟的环保举措并降低开采成本。阿根廷西部的乌肯盆地被认为是国内最大的页岩气储藏,其本国石油部经研究认为:该区域页岩气藏的生产潜力足以将阿根廷从油气净进口国变为净出口国,但其开发需要解决成本过高问题。近年来,为了解决本国的能源消费问题,印度尼西亚开始寄希望于页岩气的开发。2013 年,印度尼西亚签署了苏门答腊岛 Sumbagut 区块非常规油气产品分成合同,该项目是其国内首个页岩气开发项目,于 2020 年正式投产运行。

(二)我国页岩气研究现状

我国聚煤时期跨度长、煤系分布广、聚煤盆地面积大[77]。我国煤系页岩储层主要分布在北方鄂尔多斯盆地、沁水盆地、南华北盆地的石炭-二叠系本溪、太原和山西组地层,以及南方四川盆地西南部、贵州西部和湘中-湘南拗陷的二叠系龙潭组地层。我国页岩气产量从无到有,仅用 6 年时间就实现了年产 1.00×10^{10} m^3,其后又用 2 年时间在埋深 3 500 m 以浅实现了年产 2.00×10^{10} m^3 的历史性跨越,在埋深 3 500~4 000 m 深层取得突破性进展,创造了我国天然气发展史上的奇迹[28]。

1. 合作借鉴阶段(2007—2009 年)

此阶段国内学者引入美国页岩气概念,在地质评价的基础上,明确了四川盆地上奥陶统五峰组-下志留统龙马溪组和下寒武统筇竹寺组两套页岩是我国页岩气开发的重点,该阶段属于我国页岩气产业的启蒙阶段(图 1-19)。2007 年中国石油勘探开发研究院与美国新田石油公司联合开展了"威远地区页岩气联合研究",2008 年在长宁构造北翼钻探我国第一口页岩气地质资料井——长芯

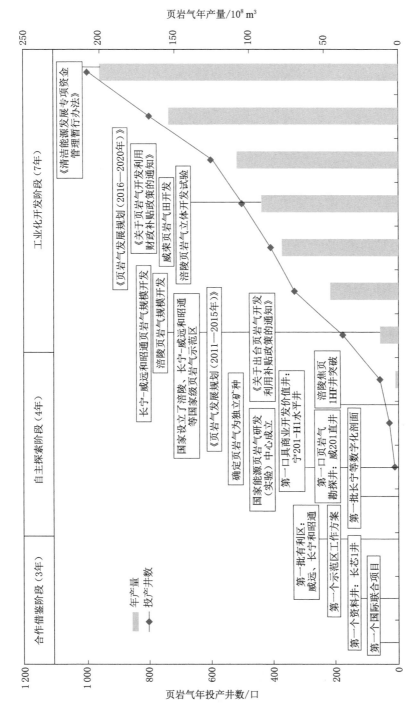

图1-19 中国页岩气发展历程[78]

1井,确定四川盆地五峰组-龙马溪组为页岩气工作的主力层系。2009年12月中国石油批复了《中国石油页岩气产业化示范区工作方案》,确立了长宁、威远和昭通3个页岩气有利区,启动了产业化示范区建设,初步提出年产$15\times10^8\ m^3$的页岩气发展目标。

2. 自主探索阶段(2010—2013年)

此阶段通过努力攻关与实践,我国页岩气地质理论及开发认识取得重要进展,明确了四川盆地海相五峰组-龙马溪组页岩气的开发价值,发现了蜀南和涪陵两大页岩气区,是我国页岩气产业发展的突破阶段(图1-19)。2010年,我国第一口页岩气井——威201直井,在龙马溪组页岩段压裂获得页岩气测试产量$0.3\times10^4\sim1.7\times10^4\ m^3/d$,解决了有无页岩气的问题;在北美以外首次在页岩中发现孔径介于$5\sim100\ nm$的纳米孔隙;中国石油勘探开发研究院率先在川南长宁双河地区,建立了第一批五峰组-龙马溪组数字化露头剖面。2011年,中国石油在长宁区块实施了宁201-H1水平井10段压裂,获得页岩气测试产量$1.5\times10^5\ m^3/d$,成为我国第一口具商业开发价值的页岩气井。2012年,中国石化经过多年不断探索,在重庆涪陵地区以五峰组-龙马溪组页岩为目的层,钻探了焦页1HF水平井,获得页岩气测试产量$2.03\times10^5\ m^3/d$,发现了涪陵页岩气田。2013年,中国石化启动了涪陵区块页岩气井组开发试验。此外,陕西延长石油(集团)有限责任公司、中国华电集团有限公司和中国神华能源股份有限公司等投入超过50亿元人民币,在四川盆地以外开展了大量的海相、陆相和海陆过渡相页岩气的勘探评价工作,但总体效果欠佳。

国家十分重视页岩气产业发展,从多方位支持页岩气产业的发展。2010年,国家能源页岩气研发(实验)中心揭牌成立。2011年,在国家科技重大专项中设立页岩气项目。2011年,国土资源部发布公告,确定页岩气为独立矿种,2011—2012年通过两轮招标共计出让19个页岩气区块。2012年,国家发展和改革委员会(以下简称发改委)、财政部、国土资源部和国家能源局联合发布了《页岩气发展规划(2011—2015年)》,提出了2015年实现页岩气$6.5\times10^9\ m^3$的发展目标。2012年,发改委批准设立了涪陵、长宁-威远、昭通和延安4个国家级页岩气示范区;财政部和国家能源局发布了《关于出台页岩气开发利用财政补贴政策的通知》,对2012—2015年开发利用的页岩气补贴$0.4\ 元/m^3$。在国家政策的大力支持下,中国石油和中国石化两家企业以四川盆地为重点,2013年实现了页岩气年产量$2\times10^8\ m^3$的生产突破。

3. 工业化开发阶段(2014 年至今)

此阶段我国页岩气有效开发技术逐渐趋于成熟,埋深 3 500 m 以浅页岩气资源实现了有效开发,埋深 3 500 m 以深页岩气开发取得了突破性进展,四川盆地海相页岩气已经成为我国天然气产量增长的重要组成部分,是我国页岩气产业的跨越发展阶段。

中国石油实现了川南地区五峰组-龙马溪组海相页岩气的有效开发。2014年,中国石油启动了川南地区 2.6×10^9 m³/a 页岩气产能建设,2015 年实现页岩气产量 1.3×10^9 m³。"十三五"期间,中国石油加快页岩气开发步伐,以长宁、威远和昭通埋深 3 500 m 以浅页岩气资源为主实施产能建设工作。截至 2019 年年底,累计探明页岩气地质储量 1.061×10^{12} m³,2019 年生产页岩气 8.03×10^9 m³,2020 年生产页岩气 1.161×10^{10} m³。

中国石化实现了涪陵、威荣区块五峰组-龙马溪组海相页岩气的有效开发。2014 年,中国石化启动涪陵气田产能建设工作,通过两轮建设,2016 年实现页岩气产量 5×10^9 m³。2017 年,中国石化在涪陵区块实施页岩气立体开发,实现页岩气持续稳产上升,并启动威荣气田产能建设。截至 2019 年年底,累计探明页岩气地质储量 7.255×10^{11} m³,2019 年生产页岩气 7.34×10^9 m³,2020 年产量达 8.41×10^9 m³。

国家继续强力支持页岩气产业发展。2016 年,国家能源局发布了《页岩气发展规划(2016—2020 年)》。2015 年,财政部发布《关于页岩气开发利用财政补贴政策的通知》,对 2016—2018 年开发利用的页岩气补贴 0.3 元/m³、2019—2020 年开发利用的页岩气补贴 0.2 元/m³。2018 年,财政部、税务总局印发《关于对页岩气减征资源税的通知》,对 2018 年 4 月 1 日—2021 年 3 月 31 日生产的页岩气减征 30%资源税。2020 年,财政部发布《清洁能源发展专项资金管理暂行办法》,明确 2020—2024 年通过多增多补的方式延续页岩气补贴政策。在川南、涪陵页岩气田开发取得突破后,全国页岩气产量加快增长,2018 年页岩气产量达到 1.08×10^{10} m³,2019 年产量为 1.54×10^{10} m³,2020 年产量超过 2.00×10^{10} m³。2014—2019 年我国天然气产量增长 5.50×10^{10} m³,其中页岩气占产量增长贡献率的 28%,已经成为中国天然气产量增长的重要组成部分。

(三)我国页岩气研究需加强的方面

1. 加强政策扶持

相应的帮扶政策是页岩气发展的基础和前提,由国外发展经验可以看出,从页岩气发展规划、技术补贴及财政补助等多方面着手,由国家层面出台一系列优惠政策,例如页岩气开发财政补贴、开发经济效益税收减免等,最大程度降低页岩气开发的成本压力,鼓励国内油气企业与国外拥有先进页岩气技术的公司及所属地方企业进行深度合作,参与到页岩气勘探开发当中。

2. 重视技术研发

从近年来我国页岩气的勘探开发实践来看,由于受构造条件、储层物性等因素的影响,国外的理论与开发技术适用性不强,加之我国尚未形成一种切合国情的页岩气开采技术,持续加强科研技术的研发十分关键。一是需要将页岩气勘探开发设计的理论与技术列入国家重大专项中,调动高校、科研机构等多方面力量集中攻关;二是鼓励企业自主培养出一批页岩气开发的专业技术人员,为实现我国页岩气商业化开发提供人才支撑;三是通过国家、企业、高校、科研院所等多领域的分工协作和相互配合,促成产学研一体化模式,加速示范工程建设。

3. 加大创新管理

在加强政策帮扶与推动技术研发的同时,加大创新管理同样重要。当前,我国页岩气开发的经营模式趋于多样化,涉及的部门和单位较多,有效协作和管理难度大。基于此,中国石油建立了多级管理机制,应用"国内外协作"与"自营开发"双重生产工作制度,推广"钻井压裂＋开采集输＋工程服务＋生产组织"一体化的管理模式,通过整合多方资源的优势,提速、提质、提效页岩气开发,追求"零伤害、零污染、零事故、零缺陷"的生产运行目标,起到了良好的先锋模范作用。

4. 激励市场竞争

现如今页岩气在我国尚未作为一种独立的矿种,现阶段的开发仍受制于常规油气管理体系。近年来,国家出台了一系列政策,旨在进一步完善矿产权竞争出让制度,使外资、民营企业获取油气矿产权开发资格,完善区块退出机制,构建矿产权二级市场。从长远来看,该合作开发机制可充分调动各方的积极性,有序放开竞争性环节,营造"赶、学、比、超"良好氛围,持续提升页岩气竞争力。

第五节　研究内容和技术路线

一、主要研究内容

1. 青海省区域地质条件研究

对青海省区域地质资料进行全面的分析,包括地层、构造、构造演化、岩浆岩发育等情况,将木里煤田和乌丽地区两个研究区纳入大的区域背景之中,获得更多的相关性和差异性。

2. 木里煤田和乌丽地区范围内煤系发育情况研究

对两个研究区范围内含煤岩系地层、煤层发育的情况，煤质、煤类的情况，以及煤炭资源量进行研究；在充分分析研究区地质特征的基础上，对木里煤田煤层含气性、煤储层特征等进行研究。

3. 木里煤田煤系页岩气形成条件研究

从区域沉积、构造条件出发，针对含煤岩系地层中泥页岩发育情况、烃源岩评价、储集条件等，对该地区煤系页岩气形成条件进行分析。

4. 木里煤田天然气水合物赋存条件研究

作为中低纬度冻土区天然气水合物实物样品获得的区域，对天然气水合物形成条件、气体成因、赋存的稳定带范围、成藏模式以及利用测井曲线对疑似天然气水合物层解译等方面进行研究。

5. 乌丽地区煤系页岩气和天然气水合物研究

以乌丽地区含煤岩系地层发育情况为基础，从烃源岩地球化学、储集层性质、构造演化等方面，探讨了煤系页岩气和天然气水合物的形成条件。

6. 煤系非常规气成藏模式及勘探开发建议

通过对北部、南部地区含煤岩系相关特征的对比分析，建立起含煤岩系非常规能源成藏模式，综合煤炭资源的概念将整个煤系地层的资源概念范畴扩大，并提出具有针对性的勘探开发建议。

二、技术路线

本书从含煤岩系地层的特点出发，通过对前人资料的收集、整理、分析，结合野外踏勘实际数据以及煤、岩样品的实验测试分析数据，对西北赋煤区的木里煤田以及滇藏赋煤区的乌丽地区综合煤炭资源进行研究。常规煤炭资源情况主要包括含煤岩系的发育情况、煤质、煤类以及煤炭资源量等方面的内容，对于非常规气，我们重点针对煤系页岩气和煤型气源的天然气水合物进行研究。从泥页岩发育情况、烃源岩性质、储集层特征等方面对煤系页岩气的形成条件进行了分析；从气源条件、水源条件、冻土条件、构造条件等方面对天然气水合物的形成条件进行了分析，并利用沉积学、地球物理学方法，对天然气水合物的赋存层位进行了预测，得到了冻土区天然气水合物成藏模式。将以上两大赋煤区的区域地层、含煤岩系、烃源岩、储集层等方面进行对比，进而获得煤系非常规气成藏模式，最终提出了综合煤炭资源勘探开发建议。

第二章　区域地质及煤系发育状况

　　本章主要介绍了青海省所处的自然地理位置、地层发育状况、大地构造位置、区域地质演化历程以及岩浆岩发育情况。重点研究了木里和鸟丽地区煤系地层和煤层的发育情况,研究了两个区域的煤质、煤类状况以及煤炭资源状况,明确了多种资源形成的环境以及地质背景,为进一步的多能源综合研究奠定了理论基础。

第一节　青海省区域地层

一、青海省地层分区

　　青海省地处青藏高原腹部,亚洲大陆南部,跨越西域板块和华南板块,区域地质构造复杂,空间上以活动性与稳定性条块构造相间的格局呈北西向展布,为一多旋回构造的活动区,在每个地质发展历史阶段都有其沉积史存在。

　　太古宙仅见变质表壳岩组合,说明陆核发展阶段的存在;元古代是一长期的陆块发展阶段,具活动-稳定双层层系特点;古生代—中生代早期为陆缘发展阶段;中生代中期的侏罗纪以后,进入陆内发展阶段。

　　基于以上,按照地层空间展布特点与构造属性将全省划分为3个地层区,16个地层分区。地层区相当于一级构造单元,分区相当于二级或三级构造单元。

　　(1)秦祁昆地层区:该地层区横跨青海省北部,南以东昆南断裂为界,西、北、东分别延入新疆、甘肃、四川境内,包括祁连山、东昆仑山、西秦岭,占青海省面积约50%,含10个地层分区,元古代地层构成基底,早古生代-中生代地层为主体,地质构造复杂,岩浆活动频繁,新生代沉积盆地发育,是一个典型的多旋回复合型造山带地层分布区。

（2）巴颜喀拉-羌北地层区：该地层区跨越青海南部，北以东昆南断裂为界，与西域地层区毗邻，南以龙木错-双湖-澜沧江断裂为界，南、西、东分别延入西藏、新疆、四川境内，包括巴颜喀拉山、唐古拉山，含5个地层分区，中元古代地层构成基底，晚古生代-中生代地层为主体，素有中国"地质百慕大"的松潘-甘孜造山带处于北部，羌塘盆地（东北部）处于南部，侵入岩不发育，主体是华力西-印支造山带；中生代卷入陆内造山及南部海域的北部陆缘影响区。

（3）羌南-保山地层区：该地层区在省内涉及范围极小，处于青海省南部的唐古拉山南部，北以龙木错-双湖-澜沧江断裂为界，与巴颜喀拉-羌北地层区毗邻，西、南、东延入西藏，含1个地层分区，由中元古代宁多组和石炭纪地层组成，属于藏滇地层区的组成部分。

二、青海省地层分布情况

1. 元古代地层层序

（1）托赖岩群：属构造岩石高级变质岩系地层单位，出露于北祁连山地区。

（2）金水口岩群：属构造岩石地层单位，出露于秦祁昆地层区的柴北缘、柴南缘地区，底界关系不清。

（3）湟源群：指分布于中祁连东部的一套中高级变质岩系，自下而上划分为刘家台组和东岔沟组。

（4）长城系-蓟县纪托莱南山群：指分布于托莱南山地区的长城纪地层，底界不明，顶界与青白口纪其他大坂组平行不整合接触，并进一步分为下部南白水河组，上部花儿地组。

（5）长城系-蓟县纪碧口组：分布于阿尼玛卿山地区一套浅变质岩系，时代归古元古代。

（6）长城系-蓟县纪宁多组：指分布于青海省南部地区的中深变质岩系。

（7）长城系湟中群：指平行不整合于湟源群之上，整合于花石山群之下的一套浅变质岩系，主要分布于中祁连山地区的西宁盆地周边。

（8）长城系小庙组：指分布于柴北缘和柴南缘地区的一套中级变质岩系。

（9）蓟县系花石山群：由一套白云岩和白云质灰岩组成，主要分布于湟源县一带。

（10）蓟县系狼牙山组：由一套轻变质的碳酸盐岩夹碎屑岩地层组成。

（11）青白口系龚岔群：分布于托莱南山，自下而上划分为大坂组、五个山组、哈什哈尔组、窑洞沟组四个地方性年代地层单位。

（12）南华系-震旦系龙口门组：为一套冰碛砾岩与白云岩组成的地层层系，集中出露于互助县龙口门地区。

（13）南华-震旦系全吉群：分布于柴达木盆地北缘，不整合于金水口岩群（原达肯大坂群）之上，平行不整合于中晚寒武世欧龙布鲁克组之下的一套基本未变质的地层。

（14）万宝沟群：分布于东昆仑万宝沟一带浅变质岩系，时代归中-新元古代，自下而上分四个岩组：下碎屑岩组、火山岩组、碳酸盐岩组、上碎屑岩组。

2. 早古生代地层

早古生代地层有活动型和稳定型两种沉积类型，主要分布于秦祁昆地区的祁连山和东昆仑山地区，在巴颜喀拉-羌北地层区零星见于唐古拉山北部地区。

（1）寒武系

青海寒武系分布于柴达木盆地-青海湖盆地-化隆盆地一线以北，介于东经95°～103°之间，呈零散条块出露于省区北半部的北祁连山、中祁连山东段、拉鸡山及欧龙布鲁克等地。分别属于柴达木地层区的一个分区与祁连地层区的三个分区。除柴达木盆地北缘全吉山从原震旦系顶部划分出少量下寒武统外，其余地区仅有中寒武统和上寒武统。各地中、上寒武统均为海相地层，古生物化石丰富。

寒武系地槽型沉积分布于北祁连山分区和拉鸡山分区，以海相火山岩、碎屑沉积岩夹碳酸盐岩沉积为主，连续性和成层性良好，富含三叶虫化石，化石中底栖和浮游型均有。

寒武系地台型沉积分布于柴达木地层区的欧龙布鲁克分区，以浅海相碳酸盐岩为主，次为碎屑岩，地层厚度不大，连续性及区分性良好，富含华北型三叶虫。

（2）奥陶系

奥陶系主要分布于祁连地层区及柴达木地层区，在唐古拉地层区东南缘的青藏交界处也有零星出露。地层沉积类型复杂，按沉积类型可分为台型、槽型。台型奥陶系主要见于柴达木地层区的欧龙布鲁克分区和中祁连山分区西段。其地层厚度不大，岩性较单一，成层性与可分性好，古生物丰富，并以底栖型、底栖游泳及浮游型生物群落相间成带分布于地层中。槽型奥陶系构成了青海奥陶系的主体，广泛分布于祁连地层区及柴达木地层区中，厚度大且多变，岩性复杂，构造变动强烈且经受了区域动力变质作用，地层的连续性与可分性均差。

由于沉积环境复杂,古生物种类也较复杂,常见笔石相与介壳相混合出现。

（3）志留系

青海省志留系分布范围小,局限于宗务隆山-青海南山以北的祁连地层区。地层研究程度较低,仅对北祁连山小石户沟组做过专门研究。据现有资料,唯北祁连山分区具中、下统,南祁连山分区与拉鸡山分区仅见下统。

3. 晚古生代地层

（1）泥盆系

青海省境内泥盆系分布比较零散,主要出露于祁连山的走廊南山、冷龙岭,柴达木盆地北缘的赛什腾山、阿木尼克山、牦牛山,柴达木盆地南缘的祁漫塔格、锯齿山,西秦岭的西倾山,唐古拉山东北部的桑知阿考等地。

（2）石炭系

青海省石炭系分布比较广泛,北自祁连山北坡,南至唐古拉山澜沧江流域,西自青新交界的祁漫塔格西端,东至西倾山地区均有分布,但露头较为零散。石炭系沉积类型有台型、槽型、过渡型。如祁连地层区石炭系下统为维宪阶,沿用臭牛沟组;上统沿用羊虎沟群和太原群。柴达木地层区下统自下而上定为阿木尼克组、穿山沟组、城墙沟组、怀头他拉组;上统自下而上定为克鲁克组和扎布萨孕秀组。分布于祁连山和柴达木盆地北缘的石炭系属于含煤地层。

（3）二叠系

青海省二叠系主要分布于祁连山、宗务隆山、西倾山、阿尼玛卿山及唐古拉山等地,零星分布于祁漫塔格、东昆仑山南端等地,如北祁连山下统的山西组、大黄沟组,上统的窑沟组和肃南组等。唐古拉山区域的晚二叠统属含煤地层。

4. 中生代

（1）三叠系

青海省三叠系地层广泛分布于巴颜喀拉山及通天河两岸地区,含煤地层则主要分布于祁连山、布尔汗布达山南坡和唐古拉山地区。见于祁连山地区的为默勒群,可进一步分为下部的阿塔寺组和上部的尕日德组,以陆相沉积为主,局部夹海相层。见于布尔汗布达山南坡的下部为克鲁波组,上部为八宝山组。分布于唐古拉山北坡的称结扎群,上部尕毛格组。中祁连山尕日德组和唐古拉山结扎群也属含煤地层。

（2）侏罗系

青海省陆相侏罗系分布于巴颜喀拉山及其以北地区,皆以小面积的盆地沉积为主,集中出露于大通河流域与柴达木盆地的东北缘,形成青海省的主要含煤地层。海相、海陆交互相沉积则广泛分布于唐古拉山西南部。

陆相侏罗系的下统、中统的大部、中统的顶部及上统,形成 4 个大沉积旋回。海相侏罗系由干旱气候滨海相、潟湖相、杂色碎屑岩及浅海相灰岩组成,仅有中统和上统,各形成一个大沉积旋回,包括巴柔期与巴通期沉积。上统包括卡洛期、牛津期、基麦里斯与堤塘期地层。

（3）白垩系

青海省白垩系主要为湖积碎屑岩层系,在西秦岭和玉树地区有陆相火山堆积。省内白垩系分布比较集中的地段在北祁连山、中祁连山、柴达木盆地西北部、秦岭甘青边区以及南部可可西里-唐古拉山地区。柴达木盆地周边诸山及毗邻外围山系,如阿尔金山、宗务隆山、鄂拉山、东昆仑山、南祁连山、巴颜喀拉山等地普遍缺失。省内多数地段只有下统,上统仅零星分布于西宁-民和盆地及可可西里东南部。

5. 新生代

（1）古近系、新近系

青海省古近系和新近系比较发育,分布范围遍及各大山系和山间盆地,尤以柴达木盆地、西宁盆地、民和盆地、可可西里盆地和唐古拉山发育最全。在这些地区,不仅分布比较连续,而且下、上古近系并存,其余地区分布比较零星,而且普遍缺失下古近系。省内古近系和新近系皆为陆相,多数地区为湖积红色碎屑岩层系,膏盐夹层屡见不鲜。

（2）第四系

第四系沉积在青海省境内分布极为广泛,皆为陆相,具有明显的高原特色,除早更新世沉积大部固结成岩外,其余皆为松散沉积物,成因类型比较复杂,有冲积、洪积、风积、湖积、化学沉积、沼泽沉积、冰碛、冰水沉积等,分布地区以柴达木盆地、哈拉湖周边、通天河流域等地为主。

三、木里和乌丽研究区地层分布

木里和乌丽研究区的地层序列见表 2-1。

表 2-1 木里、乌丽研究区地层简表

地层单位			木里研究区		乌丽研究区		
界	系	统	组	符号	群	组	符号
新生界	第四系		玉门组	$Qp^l y$			Q
	新近系	上新统	临夏组-疏勒河组	$N_2 l$			
				$N_2 sl$			
		中新统	咸水河组-白扬河组	$N_1 x$			
	古近系	渐新统		$E_3 n_1 b$			
		始-古新统	西宁组	Ex			
中生界	白垩系	上白垩统			风火山群	桑恰山组	$K_2 s$
						洛力卡组	$K_2 l$
						错居日组	$K_2 c$
		下白垩统	河口组	$K_1 n$			
	侏罗系	上侏罗统	享堂组	$J_3 x$			
		中侏罗统	木里组-江仓组	$J_2 m\text{-}j$			
		下侏罗统	热水组	$J_1 r$			
	三叠系	上三叠统	南营尔组 $T_3 n$	尕勒得寺组 $T_3 g$	结扎群	巴贡组	$T_3 bg$
				阿塔寺组 $T_3 a$		波里拉组	$T_3 b$
						甲丕拉组	$T_3 jp$
		中三叠统	西大沟组 $T_{1\text{-}2} x$	切尔玛沟组 $T_2 g$			
				大加连组 $T_{1\text{-}2} d$			
		下三叠统		江河组 $T_{1\text{-}2} j$			
				下环仓组 $T_{1\text{-}2} xh$			
晚古生界	二叠系	上二叠统	忠什公组	$P_3 z$	乌丽群	拉卜查日组	$P_3 lp$
			哈吉尔组	$P_3 h$		那益雄组	$P_3 n$
		中二叠统	大黄沟组 $P_{1\text{-}2} d$	草地沟组 $P_{1\text{-}2} c$	开心岭群	九十道班组	$P_2 j$
		下二叠统		勒门沟组 $P_{1\text{-}2} l$		诺日巴尕日保组	Pnr

第二节　青海省区域构造

一、青海省大地构造背景

青海省位于青藏高原北部，包括东昆南断裂以北的秦祁昆造山系和其南的(北)古特提斯造山系，且后者往往复合于前者之上并对其进行强烈的改造。地质记录表明自太古宙以来本区经历多次壳幔添加、陆核增生、内硅铝造山、板块俯冲(B型、A型)碰撞造山及碰撞后的板内伸展和陆内叠覆造山。在长期的多旋回、分阶段的构造演化过程中，青海省境依次受深部位的地幔热柱上升流、地幔冷柱下降流和二维平面古亚洲洋、特提斯洋-古太平洋、印度洋两大内外动力学体系联合作用控制，正是这两大内外动力学体系的发生、逆转、发展、交切及复合，形成了包括省区在内的中国大陆极为复杂的构造面貌和复杂的断裂系统[79]。

青藏高原北部在经历了加里东期、印支期地体逐渐汇聚、拼合和碰撞造山的过程后，最终形成了统一大陆。在三叠纪-侏罗纪，班公湖-怒江带洋盆(古特提斯)关闭海水退出，来自冈瓦纳大陆的羌塘地体向北东斜向俯冲，产生了印支期的阿尼玛卿、柴北缘和阿尔金大规模走滑断裂，直至大渡河-雅鲁藏布江带(新特提斯)在白垩纪早期的关闭。来自冈瓦纳大陆的拉萨地体沿班公湖-怒江一线俯冲至高原北部地区的下面，由于高原北部受到塔里木-中国北部板块的阻挡，东部受到中国南部板块的阻挡，高原北部开始隆升，形成高原雏形。在同一时期，高原北部地区还受到东部的挤压应力，这种应力很可能来自太平洋板块向西的俯冲，造成了包括祁连在内的北部物质无法东流而隆升。新生代以来印度洋板块强烈扩张，印度洋板块与欧亚大陆碰撞的远程效应，使祁连山系进入陆内叠覆造山，古造山再生，推覆成盆，盆地向再生的造山带楔入造山，盆山耦合，现代构造、地貌形成。

青海省内断裂构造发育主要由于区内构造演化特征复杂，断裂系统既有密集成带性又具有长期活动性，代表古陆块边缘的活动带受板缘断裂和壳型断裂控制，沉积建造、盆地类型则由基底断裂所控制，以北西-北西西方向为主要的构造线方向(图2-1)。超壳深大断裂带两侧发育不同程度的蛇绿岩套、混杂堆积以及双变质带，显示出板块边缘的构造性质。大地构造形态基本上是在中生代以后趋于稳定的[80]。

二、青海省区域构造格局

根据近年来青藏高原的研究成果认为青海的区域构造格局以昆南鲸鱼湖-阿尼玛卿晚古生代-早中生代缝合带(JAF)、龙木错-双湖-澜沧江晚古生代-早中生代缝合带(LLS)为界,自北而南划分为秦祁昆古亚洲构造域(西域板块)、巴颜喀拉-唐古拉古特提斯缝系(华南板块西北部)及滇藏板块 3 个一级构造单元,在青海省境内以前两者为主,滇藏板块只在囊谦县南缘小面积出露(表2-2)。

表 2-2　青海省构造单元划分表

一级构造单元	二级构造单元	三级构造单元(形成演化时代)
秦祁昆古亚洲构造域/西域板块	Ⅰ1 阿拉善陆块	Ⅰ1-1 肃南-古浪早古生代缝合带(O-S)
	Ⅰ2 北祁连元古代-早古生代缝合带	Ⅰ2-1 祁连-门源早古生代中晚期岩浆弧带(O-S)
	Ⅰ3 中祁连陆块	
	Ⅰ4 疏勒南山-拉鸡山早古生代缝合带	
	Ⅰ5 南祁连陆块	Ⅰ5-1 野马南山-化隆早古生代中晚期岩浆弧带(O-S)
		Ⅰ5-2 南祁连南部弧后前陆盆地(S)
	Ⅰ6 宗务隆山-青海南山晚古生代-早中生代裂陷槽	Ⅰ6-1 宗务隆山-兴海坳拉槽(D-P)
		Ⅰ6-2 泽库弧后前陆盆地(T1-2)
		Ⅰ6-3 西倾山台地
	Ⅰ7 欧龙布鲁克陆块	Ⅰ7-1 俄博山克拉通边缘盆地
		Ⅰ7-2 丁字口-阿木尼克山牦牛山新元古代-早古生代晚期岩浆弧带(Pt3-S)
	Ⅰ8 赛什腾山-锡铁山-哇洪山新元古代缝合带/柴北缘缝合带	
	Ⅰ9 柴达木陆块	Ⅰ9-1 柴达木中新生代后造山磨拉石前陆盆地(J-N)
		Ⅰ9-2 祁漫塔格山北坡-夏日哈新元古代-早古生代岩浆弧带(Pt3-S)
	Ⅰ10 祁漫塔格-都兰新元古代-早古生代缝合带	
	Ⅰ11 东昆中陆块	Ⅰ11-1 东昆仑中岩浆弧带(Pt3-J)
		Ⅰ11-2 那陵格勒河后造山磨拉石前陆盆地(N)
巴颜喀拉-唐古拉古特提斯缝合系/华南板块西北部	Ⅱ1 可可西里-松潘甘孜残留洋(P3-T2)	Ⅱ1-1 昆仑山口-昌马河俯冲增生楔(C2-T2)
		Ⅱ1-2 巴颜喀拉边缘前陆盆地(T1-2 为残留洋)

表 2-2(续)

一级构造单元	二级构造单元	三级构造单元(形成演化时代)
巴颜喀拉-唐古拉古特提斯缝合系/华南板块西北部	Ⅱ2 甘孜-理唐晚古生代-早中生缝合带	
	Ⅱ3 中咱-中甸陆块	
	Ⅱ4 可可西里-金沙江晚古生代-早中生代缝合带	
	Ⅱ5 北羌塘-昌都陆块	Ⅱ5-1 吓根龙-巴塘滞后火山弧带(T3)
		Ⅱ5-2 苟鲁山克错弧后前陆盆地(T3)
		Ⅱ5-3 上三叠风火山后造山前陆盆地(K)
		Ⅱ5-4 下拉秀弧后前陆盆地(T3)
		Ⅱ5-5 开心岭-杂多岛弧带(P2)
		Ⅱ5-6 雁石坪弧后前陆盆地(J)
滇藏板块	Ⅲ1 南羌塘-保山陆块	

三、区域构造演化

从青海省北部的祁连山向南至唐古拉山,乃至整个青藏高原,是一个广阔的褶皱带,它是一个自北向南逐次由老至新的多旋回褶皱带,可以说是一个典型的多旋回构造区。这个广阔的褶皱带原来不是一个简单的地体沉积带,而是分别位于两个古板块边缘的两个构造域。北边是围绕塔里木-中朝板块南缘的秦祁昆古亚洲构造域以及后来发展成的北特提斯洋。南边是围绕冈瓦纳地块北缘的南特提斯洋构造域。两个构造域间是一个广阔的远海区。这个远海区,总体上是按从北向南的顺序依次经过地块碰撞、拼贴起来的[81]。

早古生代末,秦祁昆大洋由于塔柴板块与中朝、华南板块间的碰撞、拼合作用而消失,最终三大板块连成一体,形成古中国大陆板块[82]。晚二叠世,可可西里-巴颜喀拉与羌塘-昌都地块开始随可可西里-金沙江洋壳向西向南俯冲并逐渐闭合、碰撞而拼贴,于晚三叠世开始形成联合陆块。中侏罗世中晚期,随着班公湖-怒江洋盆的闭合、碰撞,可可西里-巴颜喀拉与羌塘-昌都联合陆块逐渐与冈底斯-拉萨地块拼贴。晚白垩世,随着印度河-雅鲁藏布江洋盆的闭合、碰撞,可可西里-巴颜喀拉、羌塘-昌都与冈底斯-拉萨联合板块开始与喜马拉雅微板块拼贴,逐渐形成青藏统一的联合陆块,为青藏高原的形成奠定了基础。新生代以来,印度大陆板块向北部的欧亚板块持续俯冲,使青藏高原不断隆升,陆陆碰撞强烈,持续的挤压作用造成主要构造带一直处于长期活动之中(如昆南活动断裂)[79](图 2-1)。

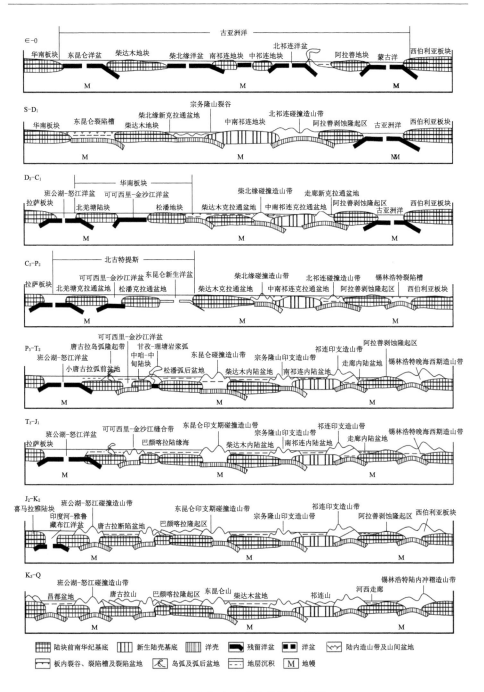

图 2-1　青海省构造演化模式图[84]

第三节 岩 浆 岩

青海省内火山岩与侵入岩发育,出露有各个时代的岩浆岩,有深成-浅成-喷发(溢)岩相,岩性有超基性、基性、中性、酸性、碱性岩[83]。

一、侵入岩

青海省的侵入岩分布广泛,尤其在北部区域十分发育。在晋宁期、加里东期、华力西期、印支期、燕山期、喜马拉雅期的构造中都有岩浆的侵入,其中以中-酸性侵入岩体为主。

1. 基性-超基性侵入岩

省内的基性-超基性侵入岩较发育,呈线状、带状分布,有阿尔金山、北祁连山、拉鸡山、宗务隆山-青海南山、日月山-化隆、柴北缘、布尔汗布达山、阿尼玛卿山、通天河9个基性-超基性岩带。该类侵入岩主要分布在洋壳沉积带和大陆裂谷带,并受深达地幔的超岩石圈断裂和岩石断裂控制。

2. 中-酸性侵入岩

青海省内中-酸性侵入岩广泛出露,尤其在北部地区集中分布,而且在柴达木盆地周边地区特别发育,以分布广、岩石类型齐全为特点。中-酸性侵入岩,从元古宙-早新生代经历了6个岩浆旋回,各岩浆旋回都由各种岩类组成,但以大规模酸性岩类为主。

3. 碱性岩

碱性岩是喜马拉雅期岩浆侵入活动的产物,共见6个岩体零散分布,呈岩株产于北西、北北西向断裂交汇部位。主要岩性为灰色霓辉石霞石金云母斑岩、含黑云霞石白榴岩,多属中基性钾质碱性岩。

二、火山岩

青海省域内火山活动频繁,从元古宙到早新生代都有火山喷发。火山喷发以早古生代最为强烈,而且全为海相,晚古生代到中生代早期(三叠纪),既有海相又有陆相;中生代中期到早新生代(第三纪),皆为陆相喷发;晚新生代(第四纪)以来火山活动处于间歇期。各时期火山活动的规模、强度和所处构造位置以及火山岩特征,均有明显的差别。

早古生代火山岩十分发育,广泛分布于北祁连和东昆仑山南坡、柴北缘和拉鸡山等地，南祁连和祁漫塔格地区也有分布。火山活动以海相裂隙式喷发为主，间有中心式喷发。火山岩石类型比较复杂。晚古生代火山岩主要分布在柴达木盆地北部边缘、东昆仑山，以及南部的唐古拉山地区，火山活动皆始于晚泥盆世，止于早二叠世。

中生代火山岩在巴颜喀拉山、东昆仑东缘比较发育，主要有四期间歇性喷发：早-中三叠世海相喷发，晚三叠世海相和陆相喷发，早-中侏罗世和早白垩世陆相喷发，以晚三叠世火山活动最为强烈。

新生代火山岩集中分布于青海省的西南部、可可西里山与唐古拉山西段，唐古拉山东部。中新世熔岩被、熔岩穹盖覆于海相三叠系、侏罗系和下第三系之上，构成平缓产出的熔岩台地。主要岩石为粗面岩、流纹岩及少量火山角砾岩。

从总体来看，省域内的岩浆活动以加里东期-印支期为主，自北向南有逐步更新的趋势，多沿板块或地体的构造缝合带分布，具多期、多次活动特点，穿时性强。岩浆活动对区内晚古生代以来的含煤地层一般无直接影响。

第四节　木里煤田煤系发育特征

一、木里煤田含煤地层及煤层发育情况

（一）含煤地层

木里煤田的含煤地层由老到新依次是：上三叠统尕勒得寺组（T_3g），下侏罗统热水组（J_1r），中侏罗统木里组（J_2m）以及江仓组（J_2j）。此外在上侏罗统享堂组局部也可见到薄煤线。其主要含煤层位具有应地而异的特点，在热水矿区及其外围为热水组和木里组，而至江仓矿区、孤山矿区则为木里组和江仓组。聚乎更矿区已发现热水组煤层线索，但主要煤层均产于木里组中。

热水组（J_1r）一般含有 1～2 层可采煤层，代表性煤层包括热水矿区的 M_0 和外力哈达的煤 1 层。紫红、灰绿等色调鲜艳的泥岩或泥质角砾岩普遍分布在煤层的顶底板中，显示冲积扇前缘浅水沉积相特点，普遍含有鲕状菱铁矿，偶见小型双壳类化石。江仓、日干山一带相变为河床滞留沉积巨厚砾岩相沉积特征（原称娘姆吞组），不含煤[85]。

木里组（J_2m）是本煤田主要含煤层段，其下部含有两个巨厚的可采煤层。其上部一般含有三个薄煤层。该组常有 3～4 个正向粒序旋回。其底部为冲积

扇和河流相粗碎屑岩沉积,中下部为代表泥炭沼泽相的厚煤层,上部则为湖泊沼泽相暗色细碎屑岩沉积。在该组上部有时可见逆粒序小旋回,代表扇三角洲沉积环境,其中所夹的煤层一般较薄,层数多,而结构较复杂。区域煤变质规律大体上呈南低北高、东低西高的趋势。

江仓组(J_2j)整合在"木里煤系"之上,构成倒转向斜核部的侏罗纪含煤地层上部层段,并含有植物化石。该层段在聚乎更矿区显示出以黑色粉砂岩为代表的浅湖相与三角洲前缘相细砂岩互层的特征。下部含数层不可采煤层,上部则以深湖相沥青质泥岩、油页岩及泥灰岩夹层为特征,局部尚含双壳类、叶肢介等化石。从沉积型相上看,孤山-江仓一带具有碎屑来源较丰富、钙质及碳酸盐含量相对贫乏、腐殖质及腐泥质(油页岩)含量较高的特点,因而以江仓组为代表的湖相沉积盆地具有北浅南深的特点。

(二)煤层发育情况

在早侏罗世,木里煤田的聚煤范围较小,聚煤作用主要发生在热水地区。而到中侏罗世,聚煤范围扩大到江仓、聚乎更地区,全区均有聚煤作用发生。热水地区的东部、海德尔矿区、默勒矿区和外力哈达地区,主要聚煤作用发生在下侏罗统热水组,中东部的默勒矿区与海德尔矿区煤层横向连续性较好,平均厚度为 13.1 m,最厚处可达 27.78 m,西部外力哈达地区的煤层厚度相对较薄,平均厚度为 4.53 m。中部的柴达尔地区的主要聚煤作用则发生在木里组,柴达尔西部煤层横向上连续性较差,厚度变化明显,而柴达尔东部煤层横向连续性好,厚度较大,平均厚度为 23.55 m。江仓和聚乎更地区的主要聚煤作用发生在木里组,江仓地区煤层厚度较小、层数较多,聚乎更地区煤层相对稳定,横向连续性较好。中侏罗世为研究区主要聚煤期,无论从聚煤范围还是聚煤规模比早侏罗世都要大得多。江仓组早期由于水深增加,聚煤环境开始变差,仅在部分地区有聚煤作用发生[85](表 2-3)。

表 2-3　木里煤田可采及局部可采煤层一览表[86]

矿区 (矿点)	含煤 地层	煤层 编号	煤厚 /m	稳定性	预测采用 厚度/m	煤类
雪霍立	J_2m	A/B	12.00/2.00	较稳定	10.5	气煤
哆嗦公马	J_2m	A/B	12.00/2.00	稳定/较稳定	13.4	气煤
聚乎更	J_2m — J_2j	下 2(A)	13.93	稳定	26.4	主要为焦煤,但东部边缘为气煤
		下 1(B)	11.61	较稳定		

表 2-3（续）

矿区 （矿点）	含煤 地层	煤层 编号	煤厚 /m	稳定性	预测采用 厚度/m	煤类
聚乎更	J₂m— J₂j	上 9(C)	3.17	不稳定	26.4	主要为焦煤，但东部边缘 为气煤
		上 2(D)	2.40.	较稳定		
		上 1(E)	1.37	不稳定		
弧山	J₂m	Ⅱ	2.69	较稳定	10.1	以瘦煤为主，浅部有部分 焦煤，深部有部分贫煤
		Ⅴ	5.82	较稳定		
		Ⅵ	1.91	不稳定		
		Ⅶ	1.41	不稳定		
	J₂j	Ⅺ	0.86	不稳定		
		Ⅻ	1.42	不稳定		
		ⅩⅢ	1.86	不稳定		
冬库	J₁r	A/B	1.50/6.25	较稳定	6.2	长焰煤
江仓北	J₂m	20	7.00	稳定	7.0	气煤
江仓	J₂m	20	20.00	稳定	49.0	深部为瘦煤，浅部以焦煤 为主，少量气煤
		16	7.20	稳定		
		25	3.17	不稳定		
		14	1.62	较稳定		
		13 下	2.54	较稳定		
		13 上	0.73	较稳定		
		12	2.93	稳定		
		11	3.79	极不稳定		
	J₂j	10 下	1.00	不稳定		
		10 上	2.92	不稳定		
		9 下	1.35	较稳定		
		9 上	1.25	较稳定		
		8	2.04	不稳定		
		7 下	1.87	较稳定		
		7 上	4.02	较稳定		
		6	2.29	较稳定		
		3	1.97	不稳定		

表 2-3(续)

矿区(矿点)	含煤地层	煤层编号	煤厚/m	稳定性	预测采用厚度/m	煤类
热水及外力哈达	J₁r	M0(煤一)	9.00	较稳定	7.5～18.6 边缘3.5	弱黏煤贫煤为主,少量瘦煤
	J₂m	M1(煤二)	25.90	较稳定		
		M2(煤二上)	4.45	不稳定		
海德尔	J₁r	煤四	27.00	稳定	—	不黏煤
		煤三	0.50～10.00	不稳定		
默勒	J₁r	主煤层	10.00	较稳定	5.30	不黏煤

二、木里煤田煤质与煤类

(一)木里煤田煤的变质作用

青海省成煤后期改造作用较为强烈,而且具有构造类型繁多、地区差异较大的特点,所以各种变质作用对煤的影响均较大。木里煤田也不例外。

1. 深成变质作用

研究区内,江仓矿区中侏罗统煤层的深成变质作用非常显著,其煤级变化的总趋势是向斜两翼低、核部高,上部煤层低、下部煤层高。但是因煤级的变化率小于煤层的弯曲率,所以深成变质作用在同一深度的不同煤层或同一煤层的不同深度上均有变化。

中生代末,本区褶皱抬升,深成变质作用暂时中断,但在渐新世-上新世又发生沉降,江仓南向斜最大沉降深度达到600 m,从而又叠加了新的深成变质作用。但是该区深成变质作用的古地温梯度是非常高的,而且在矿区周围至今还有温泉活动,尚不能排除热水变质作用的影响。从目前掌握的江仓钻孔资料,上述变质规律较明显,因而可以预测其深部及邻近地区的煤类。

2. 热水变质作用

该变质作用以热水-外力哈达矿区最为典型,也是其命名地点,中国地质大学与青海煤田132勘探队曾开展专题研究,认为:① 木里煤田北部两矿区,仅受深成变质作用,煤级低,保持在长焰煤阶段,南部两矿区紧邻深断裂,后期热液活动广泛和强烈,木里组煤层强烈变质出现了直到半无烟煤的各级别煤。② 木里组煤层煤级高于下部的热水组煤层煤级,表现出反常现象;木里组煤层煤级显著增高,是后期叠加热水变质作用的结果。热水组和木里组之间的泥质岩、

— 52 —

泥砾岩具吸水膨胀的可塑性,在热水活动期,起了隔水和隔热的作用,使热水组煤层受热水变质的影响较小。③ 依据氢、氧同位素分析,确定热水类型为地下深循环水。煤田以南的大通山老地层高山区是循环水的补给区,循环深度在 10~15 km 以下,水温达 500 ℃ 以上,深断裂南 F_0 是循环水上升的主通道。在地壳浅部,热水流经斜裂断层、煤系中透水层(木里组顶板砂岩)和煤层中微破裂等三级通道,把热能带到煤层中,引起煤的热水变质。

(二)各含煤地层煤质特征

煤质是刻画煤层热演化程度的重要指标,可用来判断煤层生成气态烃的能力。

1. 上三叠统尕勒得寺组(T_3g)

木里煤田上三叠统尕勒得寺组煤物理性质较稳定,多呈黑色、玻璃光泽或油脂光泽的光亮型,质硬而脆,易碎。结构均一,以条带状或块状构造为主。可采煤层中夹矸较多,结构复杂。煤的变质阶段以 Ⅱ~Ⅲ 阶段为主,显微煤岩组分以镜质组为主,含量达 79.4%~91.3%。煤类包括弱黏煤和气煤两个煤类。

2. 下侏罗统热水组(J_1r)

该组煤层分布在木里煤田的东库、外力哈达、热水、海德尔、默勒等矿区。该组煤一般呈黑色块状或碎块状,半暗-半亮型,暗色条带的矿物质含量很高,形成细微夹矸。煤样组分中镜质组分只占一半或更少,惰质组的含量接近或超过镜质组,壳质组很少,但是普遍存在。煤的变质程度很低,相当于 Ⅰ-Ⅲ 阶段,R_{omax} 一般不超过 1%(东库为 Ⅰ)。

3. 中侏罗统木里组(J_2m)及江仓组(J_2j)

木里组煤层属于焦煤,煤岩组分均以镜质组为主,变质阶段在不同的矿区有较大的差别,为 Ⅲ-Ⅵ 阶段不等。可作为优良的动力用煤。

木里煤田显微煤岩组分以镜质组为主,具有良好的产气能力;有的煤层热演化程度高,已经生成大量的气态烃类;有的煤层热演化程度虽然不高,但是具有巨大的生烃潜力。

第五节　乌丽地区煤系发育特征

乌丽地区内目前涉及的煤田地质工作,除区域性的第三次煤田预测外,以往煤田地质工作只限于小范围(一般只有数平方千米)的矿点勘查,至今没有系统的煤田地质资料。

一、乌丽地区含煤地层及煤层发育情况

1. 上二叠统那益雄组

该组是区内主要含煤地层,属海陆交互相地层,因至今控制的含煤地层均未见底,分布于开心岭复背斜、乌丽复背斜、扎苏-达哈复背斜核部。在开心岭调查区地层走向北西西,出露面积 35 km²;乌丽调查区则呈近东西向条带状展布,出露面积 130 km²。岩层颜色较深,以灰-深灰色为主要颜色,岩性以粉砂质黏土岩、碳质页岩与钙质粉砂岩、细砂岩互层为主,夹有煤层、灰岩及岩屑砂岩。岩层为海陆交互相含煤碎屑岩沉积建造,含 5~6 层可采煤层;韵律清晰,含煤性好,与下伏地层下二叠统开心岭群九十道班组为假整合接触。在达哈贡玛一带间夹少量玄武岩、英安岩等中基性火山岩,层薄且层位不稳定[87]。

由于受后期改造作用强烈,煤层露头较为零散,含煤层数、煤层厚度及煤层延展情况均不稳定,对比困难,而十分有限的煤田地质勘探仅局限于个别矿点,因此对那益雄组含煤性以矿点调查和资料统计为主展开分析比较。

（1）开心岭矿区

该区上二叠统那益雄组（P_3n）出露区共见煤矿开采点 7 处,多沿煤层露头进行浅部露天开采,在遥感影像上沿地层走向呈串珠状黑色小斑块。开心岭老矿区由于浅部煤层开挖殆尽而闭坑停采多年,目前开采活动主要在其西北部进行。见煤 5 层,一般厚 0.50 m 以上,最厚达 10 m,顶板多为细砂岩,底板为砂质泥岩、粉砂岩及泥岩等。煤层结构单一,夹矸较少,但其节理发育,在节理裂隙中有黄色泥质物及其他杂质充填,煤层向深部延展近于直立。煤层总体上延伸较好,利于开采,局部地段受构造影响,挤压变形强烈,厚度变化较大,呈蛇形蜿蜒展布,开采较为困难。

（2）乌丽矿区

乌丽矿区见废弃矿点数处,多沿煤层走向在浅部以露天形式开采,遥感影像上表现为清晰的蓝灰色条带。该区扎苏组共含厚度大于 0.20 m 煤层(线)10 层,其中可采者 5 层,自上而下为煤二、煤三、煤五、煤七和煤九,最大厚度 6.30 m,平均厚度分别为 0.60 m、1.50 m、2.0 m、1 m 和 1.20 m,其中煤五、煤七含夹矸分别为 0.99 m 和 0.33 m。煤层顶底板多为页岩、碳质页岩、细砂岩等,煤层倾角一般为 60°。

（3）扎苏-达哈矿区

该区矿点 4 处,基本沿煤层走向以露天形式浅部开采,开采规模小,受交通条件的限制,处于停产和半停产状态。该区共见厚度大于 0.20 m 的煤层(线)

10 层。其中分布较广、厚度大于 0.70 m 者 6 层,自上而下分别命名为煤一、煤二、煤三、煤四、煤五和煤六,最大厚度 6.47 m,煤层平均厚度依次为 1.47 m、1.21 m、1.29 m、4.35 m、1.66 m、1.27 m。其中煤四为全层可采,其余为局部可采。煤四层是个标志层,煤层厚度 3～4 m,最厚达 6.47 m。含煤层段总厚 158～173 m,煤层总厚 13.27 m,含煤系数 8.01%。煤三、煤四走向上较为稳定,其余煤层不甚稳定,最不稳定者为煤二层。各煤层结构单一,仅煤四局部有 1～2 层夹矸,野外观察多为光亮型块煤。煤层顶底板多为粉砂岩、粉砂质泥岩等,煤层倾角 46°～60°。

综合分析认为乌丽地区那益雄组含煤层数少(5 层),但单层厚度大(最大厚度 10 m);乌丽调查区范围两个矿点含煤情况基本相似,即含煤层数多(大于 0.20 m 的有 10 层),但单层厚度小(最大厚度 6.3 m～6.47 m)。这说明乌丽-达哈一线聚煤规律基本一致,为可以相互对比的聚煤带,而开心岭区则在成煤环境上有所差别或变化,可能属于另一聚煤带。

2. 上三叠统巴贡组

上三叠统结扎群巴贡组仅局部含煤,与那益雄组相比含煤性较差,但分布比较广泛,主要出露在九十道班、杂孔延及扎尕保等地上三叠统复式向斜核部,地层总体走向近东西。为海陆交互相含煤碎屑岩沉积建造,由灰-灰绿色厚层状细粒岩屑石英砂岩、岩屑长石砂岩、变长石砂岩夹灰黑色中厚-薄层状钙质粉砂岩、杂砂岩、粉砂质板岩及不稳定页岩、煤线(层)、生物屑灰岩、中基性火山角砾岩、中酸性凝灰岩等组成,自下而上,颗粒变粗,上部有时出现含砾砂岩、砾岩。沉积韵律发育,见水平微细层理、对称波痕等层面构造。工作区内剖面控制厚度介于 1 014～1 382 m。

上三叠统结扎群巴贡组(T_3b)虽然在全区分布较为广泛,但仅在乌丽调查区北部八十五道班以西含煤。地表见煤 2 层,厚度 1.20 m～3.10 m,夹矸 2 层,厚度 0.45 m。浅部煤层开采殆尽,残留矿坑宽 5 m,深 5～7 m,延伸长度达3 km。顶底板岩性多为灰黑色砂质泥岩、碳质页岩。矿区北部有次安山岩分布,受其影响,煤层中有岩枝穿插,对煤层有一定破坏作用。据区域资料,乌丽北部格劳一带结扎群巴贡组(T_3b)中含可采煤层 2 层,厚度分别为 1.20 m、0.50 m。

二、乌丽地区煤质与煤类

1. 上二叠统那益雄组煤质特征

开心岭调查区煤层露头风化严重,呈灰黑色粉末状,局部有条带状结构,节理发育,宏观煤岩类型属亮-半亮型煤,经原煤分析煤质以高灰低硫的贫煤为主;乌丽调查区各煤层物理性质基本一致,呈黑色、条痕褐黑色、沥青光泽或强金属光泽,节理劈理不甚发育,以块状煤为主,粉状及小块状煤次之,条带状结构发育,参差状或阶梯状断口,硬度较大,外观光亮。经原煤分析该区煤种以低灰低硫贫煤为主,各煤层之间相比较,煤六层灰分偏高,发热量较低,煤三、煤四层灰分较低,发热量较高,煤四层镜质组含量较高,煤五层灰分较低,发热量亦较高。各矿点主要可采煤层原煤分析见表2-4。

从煤的用途上看,开心岭煤矿点由于煤质灰分较高,发热量偏低,仅可作为一般的民用燃料。乌丽、达哈以块煤为主,发热量高,低硫、无黏结性,是比较好的动力用煤及燃料用煤。

表 2-4   乌丽地区那益雄组主要可采煤层煤质分析一览表

矿点	挥发分 V_{daf}/%	水分 W_{ad}/%	灰分 A_d/%	全硫 $S_{t,d}$/%	发热量 $Q_{gr,v,daf}$/(J/g)	煤类
乌丽	7.12～17.8	2.14～8.08	10.11～33.4	0.79～1.85	29 312～34 163	贫煤
达哈	12.49～27.34	1.78～4.50	11.35～27.48	0.38～0.89	27 670～32 820	贫煤

2. 上三叠统巴贡组煤质特征

煤层基本以粉煤为主,局部为块煤,表层风化较为严重,手捏易碎,均呈黑色、粉末状,光泽较亮,局部有丝绢光泽,呈鳞片状构造。煤中常有很多泥质夹矸,与煤揉在一起,难于区分。煤的变质程度以Ⅱ-Ⅲ阶段为主。煤的化验资料大部分取自区调资料,且全部为地表样品,仅供参考(表2-5)。由于煤样风化严重,发热量有所降低,灰分升高,但在缺煤地区仍为较好的锅炉用煤。

表 2-5   乌丽地区巴贡组煤质分析一览表

矿点	挥发分 V_{daf}/%	水分 W_{ad}/%	灰分 A_d/%	全硫 $S_{t,d}$/%	煤类
八十五道班西	15.76	4.28	72.08	1.43	不黏煤

综上所述,乌丽-开心岭地区那益雄组(P_3n)煤基本以粉煤为主,局部为块煤。煤类以贫煤为主,煤的变质程度较高。煤的灰分含量普遍偏高,仅有扎苏-达哈区煤的灰分小于40%,其余矿点煤的灰分均大于40%,煤的工业利用价值

偏低。硫分含量普遍小于 1.5%,为低硫煤,仅乌丽煤矿硫分偏高,降低了煤的利用价值。从煤质分析结果来看,扎苏-达哈一带煤的工业价值较高,其他可以作为工业储备能源,建议进一步进行分析化验加以确认。

三、乌丽地区煤炭资源量状况

乌丽地区煤炭资源隶属于唐古拉山赋煤带。唐古拉山赋煤带在青海省内仅包括羌塘地块北缘的沱沱河-扎曲断褶带,向西、向东均延入西藏自治区内。根据 2010 年青海煤炭地质勘查院关于青海省煤炭资源潜力评价的成果[88],乌丽地区潜在煤炭资源量预测情况见表 2-6。

表 2-6　乌丽地区潜在煤炭资源量预测表[88]

预测区名称	含煤地层面积 /km²	资源量 分级	资源量 分类	资源量 分等	预测资源量/万 t	煤层时代
开心岭	18.35	334-1	Ⅰ类	A	28 631	P_3n
开心岭北	13.23	334-2	Ⅰ类	A	13 492	P_3n
茶措西	2.35	334-1	Ⅰ类	A	749	T_3b
乌丽	35.3	334-1	Ⅰ类	A	32 258	P_3n
	24.1		Ⅱ类	B	22 023	
乌丽东	34.55	334-3	Ⅲ类	C	11 009	P_3n
扎苏	27.5	334-1	Ⅱ类	B	16 063	P_3n
	15.75		Ⅲ类	C	9 199	
扎苏南	7.8	334-2	Ⅱ类	B	36.3	P_3n

第三章　木里煤田煤层气特征

第一节　木里煤田煤层含气性分析

一、木里煤田煤层气成分及含量

木里煤田煤层气成分以氮气为主,只有少量几个钻孔 CH_4 含量大于 80%。煤层含气量在不同矿区和不同煤层中变化较大,聚乎更矿区下 1 煤含气量为 $0.05\sim5.52$ m^3/t,下 2 煤含气量为 $0.05\sim11.14$ m^3/t,比下 1 煤含气量略高。江仓矿区上部江仓组含气量数据较少,含气量为 $0.01\sim1.32$ m^3/t;下部木里组数据较多,含气量为 $0.03\sim2.82$ m^3/t[89-90]。

木里煤田煤层气含量普遍偏低,其原因首先可能在煤田钻孔取样、送样、含气量测试等过程中存在气体的跑、漏、逸散现象[91];其次木里煤田范围内煤层顶板砂岩、砾岩等岩性封闭性较差(但可以形成致密砂岩气这种非常规气形式,本书不开展具体分析工作);最后木里煤田后期构造运动使煤层抬升,埋深变浅,甚至出露于地表,这些都使煤储层压力降低,储层吸附能力降低,煤层甲烷解吸并通过断裂、地下水或煤层露头逸散到整个煤系地层或者大气中,进而形成煤系页岩气,天然气水合物等非常规气体形式。

二、煤层含气性影响因素分析

煤层含气性主要与煤的变质程度、煤层埋深、煤岩显微组分含量、后期构造活动和地下水运移等因素有关。

1. 煤变质程度

煤层的生气量和储气能力都受煤变质程度的控制,所以煤变质程度对煤层含气量具有重要影响。其主要表现在两个方面：① 煤变质程度太低，不利于煤层气的形成。对未变质(R_o<0.5%)的褐煤，为生物化学生气阶段，热解气即将开始生成，因此煤层的含气量不高。同时，由于褐煤层和围岩固结程度差，透气性能良好，封闭能力差，含量很低的煤层气大都逸散。通常，煤储层的生气量随煤变质程度的升高而增加，尤其在低变质煤阶段表现十分明显。② 煤变质程度太高，煤层已失去储气能力，不能形成煤层气藏。超高变质的(R_o>6%)超无烟煤（无烟煤1号），对甲烷基本上不吸附[92]，孔隙度也很低，因而储气能力十分有限。在超无烟煤地区，无论煤层埋藏多深，煤层的含气量都不会超过 2~3 m³/t，所有开采超无烟煤的矿井均为低瓦斯矿井。

本区煤层煤类属气煤-焦煤，变质程度较低，还未达到大规模生气阶段。

2. 煤层埋深

煤层埋深对含气量的控制作用主要表现在对煤储层压力和保存条件的作用上，进而影响煤储层对甲烷的吸附能力。我国大多数含煤区煤储层含气量与煤层埋深呈正相关关系，即埋深越大，含气量越大。木里煤田煤层与埋深也具有这样的关系。

3. 煤岩显微组分

煤岩显微组分对含气量的影响主要表现在对生气量与储层吸附能力的作用上。如前所述，不同煤岩显微组分的生烃能力是不同的，通常壳质组的生烃能力大于镜质组，镜质组大于惰质组，尽管镜质组生烃能力小于壳质组，但腐殖煤中镜质组为主要组分，从整体看，镜质组是形成煤层甲烷的主要母质。而煤中的无机显微组分不具有生烃能力，其含量越高，生烃能力越低。不同煤岩显微组分对甲烷的吸附能力不同。一般情况下，镜质组孔隙以小孔和微孔为主，而惰质组以中孔和大孔为主，因此，镜质组的吸附能力要大于惰质组，煤层对甲烷的吸附能力与镜质组含量具有正相关关系；而煤层中的无机显微组分对甲烷不具有吸附能力。

木里煤田聚乎更矿区煤岩镜质组含量为 75% 左右。江仓矿区全区发育的8、12、16 和 20 煤层的镜质组平均含量在 80% 左右，镜质组含量相对一般陆相含煤盆地的普遍偏高，这有利于煤储层生气能力和吸附能力的提高。

4. 构造作用

煤层形成后的构造运动对煤层气资源的保存具有重要的影响，进而影响到煤层的含气量。构造对煤层气保存的影响主要体现在两个方面：一方面构造升降运动可改变地层的温压条件，打破原有的煤层气吸附平衡关系，使吸附气和游离气相互转化,从而影响到煤层气的保存。另一方面,构造运动(如断裂活动)导致煤层气顶板的破坏,形成煤层气散失的通道,含气量降低。只有少数断层使煤储层富水,形成水封堵煤层气藏。部分断层(如逆断层)还会造成储层应力集中和超压储层,进而提高煤层的吸附能力。

(1)构造升降对煤层气保存的影响

通常随煤层埋深的增加,煤层含气量也增加,这主要是因为随煤层埋深增大,煤的变质程度增高,生气条件变好,同时,随煤层埋深增大,压力增大,封闭条件相对变好,煤的吸附量也增加。由于构造抬升,煤层埋深过浅,对煤层气保存不利。木里煤田煤层亦因喜马拉雅期构造抬升而埋深变浅,这可能是造成其煤层气含量偏低的主要原因之一。

(2)断裂的封闭性与开放性对煤层气保存的影响

正断层一般为开放型,逆断层多属压性、压扭性,封闭性能好,对煤层气保存有利。木里煤田断层以压性逆断层为主,对煤层气的保存有利。

断层除对煤层气起构造开放与封闭作用外,还对煤储层压力有影响,压性、压扭性断层表现为逆断层或压性走滑断层,断层面封闭,并在断层面附近形成应力集中带,可增大煤层气压力,煤层吸附能力增加,含气量提高;张性断层表现为正断层或拉张性走滑断层,断层面为开放型,断层面附近为低压区,煤层甲烷大量解吸,含气量降低。但在远离断层面的两侧形成两个构造应力高压区,平行断层呈对称条带状,煤层含气量相对较高。对于评价区,聚乎更矿区的南北两边界为逆断层控制,江仓矿区的各大小断层多为逆断层,这些断层对煤储层都有一定的封闭作用,对煤层气的保存也十分有利。

5. 地下水运动与煤层气的赋存

评价区聚乎更矿区以低山、丘陵及谷地为主,区内地形有利于地表水及大气降水的排泄,地下水对煤层影响不大;此外,聚乎更矿区地下含水带以承压水为主,地下水渗透率较低,对煤层气的散失作用也不大,相反承压含水层还对煤层气起到水封作用。聚乎更矿区煤层含气量较江仓矿区高可能与此因素有关。

江仓矿区处于海拔 3 800 m 以上,气候严寒,降雨量较小,年蒸发量为降雨量的 3 倍以上,属寒冷干旱区,地下水和地表水均不活跃,再加煤层上部永冻层发育,因此对煤层气的散失作用不明显。

第二节 木里煤田煤储层物性特征

一、煤层割理和裂隙

煤层气主要以吸附状态赋存在煤颗粒及其之间的微孔隙表面,当存在压力差时,则从煤颗粒及微孔隙表面解吸为自由态,通过裂隙在煤层内流动。因此,裂隙的发育情况直接影响到煤层的渗透性好坏和煤层气产能。煤层的裂隙主要由煤化过程中形成的内生裂隙(割理)和构造应力引起的外生裂隙构成。外生裂隙的发育主要受煤体结构的影响较大。煤体结构很差的煤,其外生裂隙延伸不远,常被内生裂隙所掩盖。煤体结构保存较好较完整的煤,外生裂隙发育,且延伸长。

木里煤田煤级从长焰煤至贫煤均有分布,但聚乎更矿区和江仓矿区煤层变质程度中等,煤级处于气煤-焦煤间。区内煤体结构以原生结构和碎裂结构为主,区内光亮煤和亮煤割理发育(表 3-1),密度范围为每 5 cm 3～30 条,以孤立网状割理组合为主,且由于后期的构造运动影响,煤层外生裂隙普遍发育,有利于煤层渗透率的提高。综上,如果其他条件满足,可以将聚乎更矿区和江仓矿区作为煤层气勘探的首选目标。

表 3-1 木里煤田煤储层割理统计表[86]

矿区	层位	编号	割理/(条/5 cm)	宏观煤岩类型
聚乎更(露天)	向斜南翼下$_1$煤中部	LT1-3	3	亮煤
聚乎更(露天)	向斜南翼下$_1$煤底部	LT1-1	30	亮煤
聚乎更(露天)	下$_2$煤上部	LT3-2	21	光亮煤
聚乎更(露天)	下$_2$煤下部	LT3-1	13	亮煤
江仓(井田)	20 号煤上部	JT1-2	7	亮煤
江仓(井田)	20 号煤中部	JT1-3	12	亮煤

二、煤层微观孔隙结构

煤层的微观结构参数是评价储集层特征的基本参数。目前应用较广的孔隙大小分类标准为:孔径＞1 000 nm 的孔隙为大孔,100～1 000 nm 的为中孔,

10～100 nm 的为小孔，＜10 nm 的为微孔。张玉法认为不同粒径的孔隙对煤储层的影响不同，中孔和大孔对储层孔隙度影响较大，进而影响储层的渗透率；小孔和微孔对储层吸附能力贡献大，进而影响储层的吸附能力[89]。

通过对木里煤田不同矿区煤储层不同孔径的百分比（表 3-2 和表 3-3）统计分析，认为木里煤田煤层总体上以小孔和微孔为主，并有少量中孔，这有利于储层对甲烷的吸附作用。而默勒矿区以大-中孔为主，所以推测该区煤层孔隙度大，渗透率也大。

表 3-2　木里煤田聚乎更矿区、江仓矿区煤储层孔隙分布特征[90]

矿区	井田	样品编号	孔径范围/nm			
			最小	最大	平均孔直径	中值半径
聚乎更	一露天下₁煤	LT1-5	4.43	348.53	6.46	42.1
		LT1-4	2.78	339.29	8.98	40.22
		LT1-3	4.23	346.83	7.76	38.64
		LT1-1	4.91	380.05	8.38	41.30
	一露天下₂煤	LT3-2	2.07	288.46	9.71	48.74
		LT3-1	8.66	387.15	6.47	43.11
江仓	一井田 20 煤	JT1-3	4.52	369.65	10.96	31.48
		JT1-4	4.35	384.83	7.57	43.82

表 3-3　木里煤田海德尔矿区、默勒矿区煤储层压汞试验结果[90]

矿区	大孔占比/% >1 000 nm	中孔占比/% 100～1 000 nm	小孔-微孔占比/% <100 nm
海德尔	28.85	18.44	52.71
默勒	23.72	42.20	34.08

三、煤层孔-渗特性

1. 孔隙度

煤层孔隙度又可分为基质孔隙度和裂隙孔隙度，两者之和为总孔隙度。煤的孔隙度主要与煤的变质程度有关，随着煤阶的变化，孔隙度呈现先降低再升高的变化趋势，以焦煤为趋势转化点。木里煤田煤变质程度处于长焰煤到焦煤阶段,部分煤层达到瘦煤和贫煤阶段,总体煤呈中低变质阶段,而煤储层孔隙度普遍较高,介于 2.7％～13.7％(表 3-4)[89],说明大中孔对煤层孔隙度贡献较大。

表 3-4　木里煤田煤储层渗透率、孔隙度试验结果[90]

采样点	渗透率/mD	孔隙度/%	岩石密度/(g/cm³)	备注
聚乎更(露天)	1.530	4.4	1.27	水平
	0.940	4.1	1.27	垂直
聚乎更(露天)	0.308	3.1	1.28	水平
	0.343	2.7	1.25	垂直
江仓(井田) 20 号煤	6.079	4.2	1.34	水平
	3.394	4.7	1.33	垂直
江仓(井田) 20 号煤	3.222	5.4	1.27	水平
	0.633	4.5	1.28	垂直

2. 渗透率

渗透率作为衡量多孔介质允许流体通过能力的一项指标,它是影响煤层气产能高低的关键参数,又是煤层气中最难测定的一项参数。煤层渗透率一般很低,通常小于 1 mD。

木里煤田煤储层渗透率变化较大,为 0.03～10.6 mD。其中默勒、江仓和聚乎更矿区煤储层渗透率较大,热水矿区相对较小,究其原因可能与前者地质构造条件相对简单、煤的原生结构保存完整有关。

综合前述,木里煤田煤层总体以中低煤级为主,煤储层孔隙度较高,渗透率较好,有利于煤层气的储集和运移,对煤层气的开采也较有利。同时,从木里煤田煤储层渗透率、孔隙度试验结果可以看出,煤层渗透率并非与孔隙度完全呈正相关关系,还受构造影响。某些地区受构造运动影响强烈,煤体结构破坏严重,连通性变差,造成渗透率普遍较低。

四、煤储层的吸附性

煤层中甲烷主要以吸附在煤体内表面上的吸附气为主构成,煤储层的吸附-解吸能力可通过等温吸附试验和解吸试验求证。在一定储层压力条件下,煤的吸附能力决定煤层单位含气量的高低,其解吸能力则决定性地影响煤层气井的产能。因此,煤储层的吸附-解吸特征是煤层气开发成败的关键因素之一[91]。

五、煤储层压力

煤储层压力是指煤层孔隙中的流体(包括气体和水)压力。煤层气含量和气体赋存状态都受到煤储层压力的很大影响。同时,储层压力也是流体从煤储层流向井筒的动力[93],当降低煤储层压力,煤孔隙中吸附的气体开始解吸,向裂隙方向扩散,在压力差作用下从裂隙向井筒流动。通过排水降低储层压力进而实现煤层气开采正是应用了上述原理。

一般用压力梯度去衡量储层压力的大小,为了在储层评价中统一方法和原则,储层压力划分为三种类型。正常储层压力为 9.5~10.0 kPa/m,即基本上等于静水压力梯度;大于 10.0 kPa/m 的为高压储层,小于 9.5 kPa/m 的为低压储层。

储层压力是通过试井而获得的。随着煤储层埋深增加,煤储层压力增大。通过对西北准噶尔盆地部分探井煤系地层压力统计数据分析,其全区在 600 m 以浅基本都是低压储层,1 000 m 以深绝大多数为高压储层,估计 700~1000 m 深度以低压和正常压力储层为主。木里煤田聚乎更矿区多数勘探区的煤层埋藏深度在 0~600 m 之间,江仓矿区可深达千余米,因此推测木里煤田煤储层压力以低压和正常压力为主。

六、煤层围岩物性特征

木里煤田煤层顶板岩性一般为细至中粒砂岩、粉砂岩、页岩(或砂质页岩),部分顶板为含砾砂岩或砂砾岩。但各矿区差异悬殊,情况有所不同。聚乎更矿区煤层的顶板、底板岩性一般为黑色泥岩、黏土泥岩,局部为砂质泥岩和细砂岩,厚度不大,多数在 1~10 m 之间。江仓矿区顶板以泥岩或粉砂岩为主,底板为细砂岩或粉砂岩。木里煤田聚乎更、江仓矿区煤层顶、底板封盖性较差。

第三节　木里煤田煤层气资源量估算

一、煤层气资源量估算单元划分

结合煤层气勘探开发技术情况和木里煤田地质条件的特点,估算 1 500 m

以浅的煤层气资源量。估算单元作为资源量估算的最小单元,遵循以下原则:

(1)在每个矿区以单一煤层为估算单元,煤岩、煤质和煤体结构特征差别不大的煤层组可以合并为一个估算单元。将聚乎更矿区下1和下2煤层、柴达尔井田煤零1层、煤零2层、煤一1层、煤一2层、煤二层和海德尔矿区的煤一、煤二和煤三层作为不同的估算单元分别进行评价。

(2)在估算过程中,根据实际情况进一步划分出了一些次一级估算单元。划分的原则是以地质边界或人为技术边界为划分依据,例如构造线、煤厚突变线、煤阶变化线、煤层含气边界、井田或采区边界、预测区边界、网格边界、水平标高线、煤炭储量级别线等。本次以主要断裂和煤炭资源储量估算垂深作为划分次级估算单元的边界。

二、估算方法选择

本次资源量估算选择体积法作为主要方法。根据煤炭资源储量数据的有无,可进一步采用下面两种估算方法。

(1)在估算单元内可获得煤炭储量数据或资源量数据,采用下面公式估算煤层气地质资源量:

$$G_i = \sum_{j=1}^{n} C_{rj} \cdot \overline{C}_j$$

式中　　n——估算单元中划分的次一级估算单元总数;

　　　　G_i——第i个估算单元的煤层气地质资源量,$10^8 \mathrm{m}^3$;

　　　　C_{rj}——第j个次一级估算单元的煤炭储量或资源量,$10^8 \mathrm{t}$;

　　　　$\overline{C}_j$——第j个次一级估算单元的煤储层平均空气干燥基(原地基)含气量,m^3/t。

(2)在估算单元内尚未获得煤炭储量或资源量数据,则估算公式为:

$$G_i = \sum_{j=1}^{n} 0.01 \cdot A_j \cdot \overline{h}_j \cdot \overline{D}_j \cdot \overline{C}_j$$

式中　　n——估算单元中划分的次一级估算单元总数;

　　　　G_i——第i个估算单元的煤层气地质资源量,$10^8 \mathrm{m}^3$;

　　　　A_j——第j个次一级估算单元的煤储层含气面积,km^2;

　　　　$\overline{h}_j$——第j个次一级估算单元的煤储层平均厚度,m;

　　　　$\overline{D}_j$——第j个次一级估算单元的煤储层平均空气干燥基视密度,t/m^3;

　　　　$\overline{C}_j$——第j个次一级估算单元的煤层平均空气干燥基含气量,m^3/t。

在获取煤层气地质资源量后，再经过可采系数校正可估算出煤层气可采资源量，估算公式为：

$$G_r = G_i \cdot R$$

式中　　G_r——煤层气可采资源量，10^8 m³；

　　　　G_i——煤层气地质资源量，10^8 m³；

　　　　R——煤层气可采系数。

三、评价参数的选取与取值

（一）评价参数的选取

1. 煤炭资源量与含煤面积

对已有的煤炭预测资源量与含煤面积以工作区的最新煤炭资料为准。对向外延伸或超过以往估算深度的含煤区面积通过图上面积比和已有实际面积换算得到，而相应的煤炭资源量或储量数据则按照前文煤炭资源量评价方法获得。

2. 煤储层厚度

可通过煤田勘查获得的钻井数据确定煤储层厚度，或在煤储层厚度图上圈定。在本次资源量评价中，须达到可采厚度的下限方可参与煤层气地质资源量估算，可采厚度按《矿产地质勘查规范 煤》(DZ/T 0215—2020)的要求来确定。

3. 煤视密度

煤的视密度采用已有煤炭勘探工作的实测值，辅以现施工区采样测试结果，未获得煤炭资源储量区域的煤密度采用相邻井田的煤密度数据。

4. 煤储层兰氏体积和兰氏压力

通过煤样的等温吸附实验实测值，在没有实测值的估算单元内，可类比相同变质程度、邻近单元内的实测兰氏体积。

5. 废弃压力

依据美国经验，煤层气井的最低废弃压力大体在 0.4～1.38 MPa，绝大多数集中在 0.4～0.7 MPa。考虑到我国煤层气开采技术还不十分成熟，根据青海煤田地质 105 队 2006 年完成的木里煤田江仓矿区、聚乎更矿区煤层气资源调查评价报告的数据，建议贫煤和无烟煤区采用 1.38 MPa，长焰煤-瘦煤区采用 0.7 MPa，褐煤采用 0.4 MPa。

（二）关键参数的确定

1. 煤储层含气量

煤储层含气量评价主要以煤田勘探钻孔所实测的煤层含气量为主，对于矿区（井田）浅部采用实测值，深部用推测法，没有数据或者数据较少且准确性不高的采用类比法。对于钻孔甲烷含量数据主要分布在浅部的外力哈达矿区和柴达尔矿区，采用钻孔甲烷含量与煤层埋深关系推出整个含煤盆地的甲烷梯度值，结合等温吸附试验结果和煤层气地质条件推出 1 000 m 以浅的甲烷含量值。而海德尔矿区和默勒矿区由于钻孔数据多不准确，因此在此次评价中含气量数据采用类比柴达尔矿区得到。埋深 1 000～1 500 m 的甲烷含量值主要根据等温吸附试验结果并结合盆地煤层气地质条件确定。

2. 可采系数

可采系数是依据等温吸附试验结果、原始含气量和与排采废弃压力对应的含气量估算的理论值，可用来反映基于煤岩等温吸附特性的煤层气可采系数。计算公式如下：

$$R = \frac{C_i - C_a}{C_i}$$

为便于应用，上式可变为：

$$R = 1 - \frac{V_L \cdot P_a}{C_i(P_L + P_a)} \tag{2}$$

式中　C_a——煤层气废弃时的煤层含气量，m^3/t；

　　　C_i——煤储层原始含气量，m^3/t；

　　　V_L——煤储层兰氏体积，m^3/t；

　　　P_L——煤储层兰氏压力，MPa；

　　　P_a——废弃压力，MPa。

在实际估算过程中，一些估算单元计算出来的结果为负值，这与实际不符。为解决这一问题，原则上采用调节废弃压力值，使可采系数均为正。值得一提的是，废弃压力的值不能无限制地变大或变小，贫煤和无烟煤一般控制在 1.0 MPa 左右，不低于 0.7 MPa，长焰煤-瘦煤一般不低于 0.4 MPa。在此情况下，个别估算单元仍不能通过降低废弃压力而使可采系数为正，此时可结合地质条件进行分析，与其他估算单元进行对比获得。

3. 风氧化带埋深

根据木里煤田各矿区煤层埋深与甲烷浓度进行线性回归的结果，确定聚乎更矿区煤层气风氧化带埋深平均 450 m,江仓矿区为 600 m,外力哈达矿区煤层气风氧化带埋深平均为 338 m,柴达尔井田各煤层平均为 400 m,海德尔和默勒矿区类比柴达尔井田,风氧化带埋深也确定为 400 m。

四、煤层气资源量估算

根据《青海省木里地区多能源资源潜力评价》的估算[90],木里煤田煤层气地质资源总量为 91.44 亿 m³,平均资源丰度为 0.96 亿 m³/km²;木里煤田煤层气可采资源量为 47.75 亿 m³,平均可采系数为 0.52。各矿区资源量汇总于表 3-5。

表 3-5　木里煤田煤层气资源估算汇总表[90]

矿区	面积/km²	煤炭资源量/亿 t	资源量/亿 m³	资源丰度/(亿 m³/km²)	可采系数	可采资源量/亿 m³
聚乎更	22.10	2.46	15.14	0.69	0.48	7.31
江仓	55.30	8.79	57.40	1.04	0.48	27.59
外力哈达	8.00	0.52	6.42	0.80	0.74	4.73
热水	4.57	0.72	6.65	1.46	0.47	3.15
海德尔	0.59	0.17	1.16	1.97	0.84	0.98
默勒	4.59	0.66	4.68	1.02	0.85	3.99
合计	95.15		91.45			47.75

木里煤田范围内具有较好的煤层气成藏条件,但按照前人研究情况煤层气资源量偏少,由于可见逸散、岩性封闭性、构造封闭性等方面的影响,煤层中的气体含量偏少,为煤系地层中其他形式的非常规气体的形成提供了有利的条件。

第四章　木里煤田页岩气形成条件分析

　　木里煤田含煤岩系中除煤层外,暗色泥岩、碳质泥岩等暗色烃源岩占有较大的比例,青藏高原经历了复杂的构造-热演化历史,使多数地区煤系有机质进入生气高峰,具备良好的生气潜力,煤系页岩气是页岩气资源的重要组成部分。青海省木里煤田中上侏罗统含煤岩系具有泥页岩类岩石比例高、有机质含量丰富、热演化程度高、脆性矿物含量高、构造作用导致孔渗条件良好等特征,构成生成页岩气的良好条件,煤炭钻孔钻进中已获得产气的直接证据。开展该地区煤系页岩气资源调查,对于拓宽对页岩气资源的认识和本区综合煤炭资源开发,均具有重要意义。

第一节　木里地区泥页岩发育概况

　　木里煤田沉积了厚度巨大的上三叠统上部的尕勒得寺组(T_3g)、下侏罗统上部的热水组(J_1r)、中侏罗统下部的木里组(J_2m)与上部的江仓组(J_2j)含煤岩系地层,沉积厚度在 $297\sim1\,422$ m。岩性以灰~深灰色泥岩、粉砂岩、粉砂质泥岩、砂岩为主,夹煤层、煤线及灰色细砂岩、中砂岩,含可采及不可采煤层 $12\sim19$ 层。煤系地层的分布范围很广泛,在平面上和垂向上都具有连续性。

　　泥岩,粉砂岩以及粉砂质泥岩等粒度较细的岩石的单层厚度很大(表4-1),并且据钻孔统计累计厚度百分比平均值可达 42.67%。泥页岩以及粉砂岩等细粒岩石在含煤岩系中发育,为页岩气的形成提供了有利的先决条件。

表 4-1　木里煤田钻孔最大单层厚度统计

序号	钻孔名	岩性	最大单层厚度/m
1	2-20	泥岩	80.9
2	23-32	泥岩	64.65
3	0-3	泥岩	47.76
4	3-2	泥岩	74.53
5	4-1	粉砂质泥岩	56.88
6	8-2	粉砂质泥岩	69.66
7	1-17	泥岩	57.85
10	24-17	粉砂岩	54.55
11	25-19	粉砂岩	45.75
12	32-30	粉砂岩	47.95
13	4-46	粉砂岩	47.65
14	0-1	粉砂岩	93.95

第二节　木里煤田含煤岩系地层烃源岩评价

烃源岩包括油源岩、气源岩和油气源岩。烃源岩应该具备的条件如下：含有大量有机质即干酪根；达到干酪根转化成油气的门限温度即埋藏深度。对烃源岩的研究通常要从有机质数量、有机质类型、有机质成熟度等三个方面对其做出定性和定量评价[44]。

一、陆相烃源岩有机化学评价标准

评价生油岩有机质丰度的常用指标包括有机碳（TOC）、总烃（HC）、氯仿沥青 A 和热解生烃潜力（S1＋S2）四项指标。黄第藩等建立起一套适用于含煤岩系地层烃源岩的相关评价标准，见表 4-2 至表 4-5[94-96]。

表 4-2　含煤地层泥岩和碳质泥岩有机化学评价标准[96]

烃源岩类型	评价参数	烃源岩级别				
		极好	好	中	差	非
（碳质）泥岩	有机碳/%	9.0～40	3.0～9.0	1.5～3.0	0.6～1.5	<0.6
	氯仿沥青 A/%	0.28～2	0.08～0.2	0.04～0.08	0.015～0.04	<0.015
	S1＋S2/(mg/g)	20～200	6～20	2～6	0.5～2	<0.5
	总烃/(×10⁻⁶)	800～5 000	350～800	160～350	60～160	<60
煤岩	氯仿沥青 A/%	0.6～3	0.3～0.6	0.1～0.3	0.05～0.1	<0.05
	S1＋S2/(mg/g)	60～300	20～60	6～20	2～6	<2
	总烃/(×10⁻⁶)	1 500～8 000	800～1 500	350～800	160～350	<160

表 4-3　碳酸盐岩烃源岩有机碳含量下限标准

评价参数	烃源岩级别				
	极好	很好	好	一般	差
生油窗早期	>2.0	1.0～2.0	0.5～1.0	0.2～0.5	0～0.2

评价参数	烃源岩级别				
	极好	好	较好	差	非
成熟阶段	>1.7	0.7～1.7	0.3～0.7	0.1～0.3	<0.1
高过成熟阶段	>0.68	0.28～0.68	0.12～0.28	0.04～0.12	<0.04

表 4-4　有机质类型划分标准[94]

类型参数	腐泥型（I₁）	腐殖腐泥型（I₂）	混合型（II）	腐泥腐殖型（III₁）	腐殖型（III₂）
H/C 原子比	>1.5	1.3～1.5	1.0～1.3	0.8～1.0	<0.8
O/C 原子比	<0.1	0.15～0.1	0.25～0.1	0.25～0.3	>0.3
δ¹³C/‰		<−28.0	−25～−28	−22.5～−25	>−22.5
岩石热解 I_H/(mg/g)	>700	400～700	180～400	100～180	<100

表 4-5　烃源岩有机质成烃演化阶段划分[97]

演化阶段	$R_o/\%$	孢粉颜色指数 SCI	$T_{max}/℃$	油气性质及产状
未成熟	$<0.5\sim0.6$	<2.5	<435	生物甲烷、未熟油、凝析油
低成熟	$0.5\sim0.8$	$2.5\sim3.0$	$435\sim445$	低熟重质油、凝析油
成熟	$0.8\sim1.3$	$>3.5\sim4.5$	$445\sim480$	成熟中质油
高成熟	$1.3\sim2.0$	$>4.5\sim6.0$	$480\sim510$	高熟重质油、凝析油、湿气
过成熟	>2.0	>6.0	>510	干气

二、有机质含量

有机质数量包括有机质丰度和烃源岩体积。研究区内作为烃源岩的煤、泥岩和油页岩分布广泛,地层厚度也达到规模。尤其是煤作为该区天然气水合物的主要气源,其分布范围和厚度都很大。

1. 有机碳

有机碳是指沉积岩中含有的与有机质有关的碳素,它近似地反映了生烃母质的丰度,是烃源岩研究中的一个基础指标(表 4-2),可用于确定烃源岩、指示有机质丰度,判断生烃效率、转化效率和演变程度,计算生烃量等。聚乎更矿区三露天井田烃源岩样品采集分布点分布于整个区域内(图 4-1),有机碳数据如表 4-6 和表 4-7 所示,其中表 4-6 数据来源于本次采样实测,表 4-7 数据来源于青海煤田地质 105 队。

江仓组上段泥质粉砂岩 TOC 值范围为 $0.39\%\sim1.11\%$,平均值为 0.75%,油页岩 TOC 值范围为 $0.73\%\sim0.93\%$,平均值为 0.83%,泥岩 TOC 值范围为 $0.27\%\sim5.11\%$,平均值为 1.78%,江仓组上段烃源岩整体 $TOC>1.5\%$ 的在 45.6% 以上;江仓组下段泥岩 TOC 值范围为 $0.15\%\sim5.82\%$,平均值为 2.00%;木里组上段泥岩 TOC 值范围为 $0.53\%\sim1.14\%$,平均值为 0.80%。根据黄第藩建立的适用于含煤岩系地层烃源岩相关评价标准,单从 TOC 值上评价,可知木里组上段属于较差烃源岩,江仓组属于中等烃源岩,但是作为煤系泥页岩,TOC 值普遍偏小,单从 TOC 值进行烃源岩评价是不全面的。

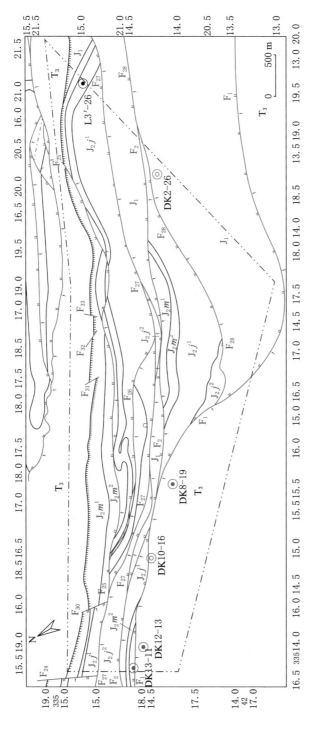

图4-1　三露天岩心采样分布点

表 4-6　聚乎更矿区三露天井田烃源岩样品总有机碳数据

序号	样品编号	所属钻孔	层位	岩性	TOC/%
1	A-02	DK2-26	江仓组上段	泥岩	2.28
2	A-04	DK2-26	江仓组上段	油页岩	0.93
3	A-05	DK2-26	江仓组上段	泥岩	0.59
4	A-07	DK2-26	江仓组上段	泥岩	0.44
5	B-04	L3'-26	木里组上段	泥岩	0.53
6	B-05	L3'-26	木里组上段	泥岩	1.14
7	B-09	L3'-26	木里组上段	泥岩	0.72
8	C-03	DK8-19	江仓组上段	暗色泥质粉砂岩	0.39
9	C-04	DK8-19	江仓组上段	油页岩	0.73
10	C-06	DK8-19	江仓组上段	暗色泥岩	2.62
11	C-07	DK8-19	江仓组上段	泥岩	0.70
12	C-08	DK8-19	江仓组下段	泥岩	0.25
13	C-11	DK8-19	江仓组下段	泥岩	0.75

表 4-7　聚乎更矿区三露天井田烃源岩样品有机碳数据[98]

序号	样品编号	所属钻孔	层位	岩性	TOC/%
1	DK10-16-①	DK10-16	江仓组上段	粉砂质泥岩	0.27
2	DK10-16-②	DK10-16	江仓组下段	泥岩	0.67
3	DK10-16-③	DK10-16	江仓组下段	泥岩	5.82
4	DK10-16-④	DK10-16	江仓组下段	泥岩	0.15
5	DK12-13-①	DK12-13	江仓组上段	泥岩	0.31
6	DK12-13-②	DK12-13	江仓组上段	泥岩	3.28
7	DK12-13-③	DK12-13	江仓组上段	泥岩	2.51
8	DK12-13-④	DK12-13	江仓组上段	泥岩	2.5
9	DK12-13-⑤	DK12-13	江仓组上段	泥岩	1.92
10	DK12-13-⑥	DK12－13	江仓组上段	泥岩	5.11
11	DK12-13-⑦	DK12-13	江仓组上段	泥岩	2.3
12	DK12-13-⑧	DK12-13	江仓组上段	泥岩	2.2
13	DK12-13-⑨	DK12-13	江仓组上段	泥质粉砂岩	1.11

表 4-7(续)

序号	样品编号	所属钻孔	层位	岩性	TOC/%
14	DK13-11-①	DK13-11	江仓组上段	泥岩	0.51
15	DK13-11-②	DK13-11	江仓组上段	泥岩	1.02
16	DK13-11-③	DK13-11	江仓组下段	泥岩	3.59
17	DK13-11-④	DK13-11	江仓组下段	泥岩	2.78

2. 生烃潜力(S1+S2)

从表 4-8 中看出,煤中 S1+S2 的分布范围为 72.09~185.31 mg/g,最小值为 72.09 mg/g,最大值为 185.31 mg/g,平均值为 129.21 mg/g。油页岩中 S1+S2 的分布范围为 1.98~11.41 mg/g,最小值为 1.98 mg/g,最大值为 11.41 mg/g,平均值为 4.79 mg/g。泥岩中 S1+S2 的分布范围为 0.23~15.45 mg/g,最小值为 0.23 mg/g,最大值为 15.45 mg/g,平均值为 6.58 mg/g[3]。结合 TOC 和 S1+S2 的分布来看,该地区的煤、油页岩、泥岩都可评价为优质的烃源岩。

表 4-8 木里煤田各种岩性烃源岩有机质丰度分布

岩性	TOC/%		S1+S2/(mg/g)		丰度评价
	分布特征	级别	分布特征	级别	
煤	$\dfrac{46.76\sim86.06}{73.06(11)}$	好	$\dfrac{72.09\sim185.31}{129.21(11)}$	好	好
油页岩	$\dfrac{1.81\sim4.05}{2.78(6)}$	好	$\dfrac{1.98\sim11.41}{4.79(6)}$	较好	好
泥岩	$\dfrac{0.52\sim2.70}{1.85(3)}$	好	$\dfrac{0.23\sim15.45}{6.58(3)}$	好	好

三、有机质类型

干酪根是有机碳存在的最重要的形式,占沉积岩中分散有机质总量的 80%~90%,甚至更高。岩石中的干酪根是最重要的成烃母质,是分散有机质的主体,它的类型基本可以代表岩石中分散有机质的类型。干酪根主要分为以下几种:Ⅰ型(细菌改造的藻质型),主要生成石油;Ⅱ型(腐泥型),可生成油和气;Ⅲ型(腐殖型),主要生成天然气。氢指数 HI>600 的,表明为Ⅰ型有机质,HI 越高,则有机质类型越好,越利于生油。实验样品的 HI 在 100~500 之间,表明大部分烃源岩的有机质类型为Ⅱ-Ⅲ型干酪根,利于生气。

煤中 HI 分布范围为 55～187mg/g,平均值为 130.73 mg/g,为Ⅲ型干酪根。油页岩中 HI 的分布范围为 112～311 mg/g,平均值为 162.67 mg/g,为Ⅱ₂型干酪根。泥岩中 HI 的分布范围为 29～476 mg/g,平均值为 213 mg/g,为Ⅱ₂型干酪根。木里煤田聚乎更矿区一井田大部分样品 HI 在 100～500 之间(表4-9),表明有机质类型为Ⅱ-Ⅲ型干酪根,这从图 4-2 中也得到验证。

表 4-9　木里煤田各种岩性烃源岩氢指数 HI 分布

岩性	煤	油页岩	泥岩
HI/(mg/g)	$\dfrac{55～187}{130.73(11)}$	$\dfrac{112～311}{162.67(6)}$	$\dfrac{29～476}{213(3)}$

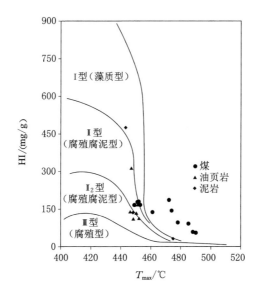

图 4-2　烃源岩 T_{max} 与 HI 相关性图

四、有机质成熟度

有机质成熟度作为有机地球化学的一项重要参数,用来衡量有机质成烃有效性和生成产物性质。该概念包含了埋藏时间内,增温作用影响下有机质产生的一切变化。当有机质达到或超过温度和时间相互作用的门限值时,干酪根才能进入成熟并开始在热力作用下大量生成烃类[99]。评价有机质成熟度较为常用的方法包括镜质体反射率法、岩石热解法、可溶有机质的化学法等。本书采用了煤岩的镜质体反射率法和岩石热解法来对本区内的成气源岩的成熟度进行评价,研究本区现今产出的天然气水合物的起源归属问题。

1. 利用镜质体反射率法对于有机质成熟度的研究

镜质体反射率是有机岩石学(煤岩学)和有机地球化学中最常用的参数之一。煤的镜质体反射率也称镜煤反射率(R_o),它是温度和有效加热时间的函数且具有不可逆性,不受煤岩成分含量影响,它随煤的有机组分中碳含量的增加而增高,能较好地反映煤的变质程度,是确定煤化作用阶段的重要指标和最佳参数之一。1969 年以来它作为油气勘探成熟度的评价指标被广泛应用于页岩和其他岩石中分散有机质的测定中,亦成为确定干酪根成熟度的一种最有效的指标。

一般认为,有机质演化处于成熟-高成熟阶段($R_o = 0.8\% \sim 1.7\%$)是最有利的热生气阶段,生气速率最大。有机质演化处于低成熟阶段($R_o < 0.7\%$)则生成少量的生物气或低熟气;处于过成熟阶段($R_o = 2.5\% \sim 4.0\%$),生气速率小;$R_o > 4.0\%$后进入超无烟煤阶段,几乎不再生成天然气。

由木里煤田采集的煤样以及岩样实测数据结果(表 4-10)表明岩样镜质体反射率 R_o 为 $0.74\% \sim 1.851\%$,平均值为 1.197%,可见该地区烃源岩均处于成熟-高成熟度的有利生气阶段。一般认为,$(1.1\% \sim 1.3\%) < R_o < 2\%$ 为深成作用阶段的高成熟凝析油和湿气带。这说明在地质历史时期中曾经生成了大规模的气体,这也为天然气水合物成藏提供了充分的来源。

表 4-10　木里煤田岩样镜质组反射率测定结果　　　　单位:%

样品编号	岩性	R_{omin}	R_{omax}	R_o 均值
粉煤 1	煤	1.063	1.313	1.2
烃源岩 2	油页岩	\	\	0.94
烃源岩 4	泥岩	\	\	1.12
4-54-1	煤	0.78	0.983	0.888
4-54-2	煤	0.771	1.074	0.914
4-54-3	煤	0.787	0.981	0.902
4-54-4	煤	0.829	1.09	0.985
8-59-1	煤	1.05	1.321	1.190
8-59-2	煤	1.065	1.31	1.252

表 4-10(续)

样品编号	岩性	R_{omin}	R_{omax}	R_o均值
8-59-3	煤	1.149	1.326	1.242
8-59-4	煤	1.179	1.426	1.319
8-59-5	煤	1.231	1.445	1.370
8-59-6	煤	0.753	1.162	0.906
8-59-7	煤	0.74	0.94	0.857
8-60-1	煤	0.885	1.225	1.056
8-60-2	煤	0.705	1.081	0.877
8-60-3	煤	1.305	1.439	1.387
8-60-4	煤	1.375	1.54	1.473
8-60-5	煤	1.373	1.628	1.520
8-60-6	煤	1.502	1.641	1.584
DK-3-1	煤	1.342	1.787	1.524
DK-3-2	煤	1.059	1.851	1.492
平均值				1.197

2. 利用地质演化史对于有机质成熟度的研究

木里煤田埋藏史大致可分为三个阶段：

① 早侏罗世-早白垩世(199.6 Ma～99.6 Ma)：对应的埋深曲线斜率较大，开始接受沉积。其中，中侏罗世为侏罗纪盆地沉降最活跃时期，形成一套富含有机质的煤系地层，发育可采煤层和生、储岩系，是木里煤田和油气田勘探的主要目标层段。晚侏罗世和白垩纪在边界断裂的控制作用下，盆地大范围快速沉降，并快速堆积了厚度大于 2 300 m 的一套红色沉积建造，如此巨大厚度的上覆岩层为下伏中侏罗统的热演化提供了条件[100]。

② 晚白垩世-古近纪(99.6 Ma～23.03 Ma)：盆地结束了快速、大幅沉降阶段，进入了抬升剥蚀阶段，不接受沉积。

③ 新近纪-第四纪：(23.03 Ma 至今)：进入新一轮的沉降阶段，沉降量和沉降速率变大。在新近纪晚期，由于受新构造运动的影响，中侏罗统被抬升，形成野外露头。

木里煤田构造沉降史研究表明，除晚白垩世和古近纪抬升遭受剥蚀外，自二叠纪以来，盆地一直处于沉降阶段，并且经历了由弱到强，再由强到弱，强弱相间的沉降过程。

　　木里盆地柴达尔矿区中侏罗统的埋藏史(图 4-3、表 4-11)和热演化史的研究表明,木里盆地在晚侏罗世早期,中侏罗统的古地温已达到了有机质演化所需的最低温度,镜质体反射率缓慢增大(图 4-4)。在晚侏罗世末期 R_o 达到 0.5%,先后进入生油门限,开始生成油气。在早白垩世,中侏罗统的 $R_o \geqslant$ 0.8%,烃源岩进入大量生油的成熟阶段。在第三纪初期,烃源岩的 R_o 达到了 1.41%,进入高成熟阶段,相当于凝析油气生成阶段。至此,木里盆地柴达尔矿中侏罗统反希尔特定律的热演化异常成为定局。在以后时间里,基本保持了这种热演化特征[100]。

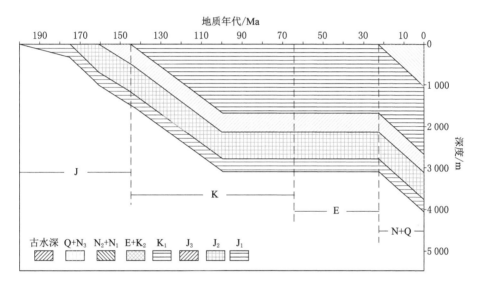

图 4-3　木里煤田埋藏史

表 4-11　木里煤田各矿区井田侏罗纪地层埋深统计表

矿区井田	地层	最浅埋深/m	最深埋深/m	平均埋深/m
聚乎更一井田	中侏罗统	0～114.65	29～555.87	14.5～335.26
聚乎更三井田	中侏罗统	12.2～89.82	72.91～707.9	42.56～398.8 6
聚乎更二三露天	中侏罗统	0.5～168.1	40～471.46	20.25～639.56
聚乎更四井田	中侏罗统			18.99～368.5
雪霍立	中侏罗统	15～344.59		
哆嗦公马	中侏罗统	0～928	30～1 128	15～1 028

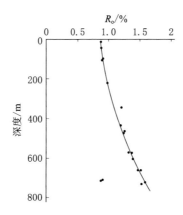

图 4-4　木里煤田煤岩镜质体反射率与埋藏深度关系图

第三节　木里煤田页岩气储集层

一、孔渗条件

按照前人的研究成果,认为页岩气储集层具有低孔、特低渗储层特征($\Phi<$ 12%,$K<0.1$ mD)。通过对木里煤田岩心钻孔的孔渗分析试验,发现该区域内岩石平均孔隙度为 3.752%,渗透率为 0.028×10^{-3} μm^2(表 4-12),满足页岩气的成藏要求。

表 4-12　木里煤田各井田较细粒度岩石孔隙度及渗透率数据表

井号	岩样编号	岩性	取样深度 /m	孔隙度 /%	渗透率 /(10^{-3} μm^2)	备注
一井田 五井	4-46-3	粉砂岩	462.00	2.2	0.024 2	实测数据
一井田 六井	8-59-1	粉砂岩	283	2.5	0.018 1	
	8-59-2	粉砂岩	453.5	1.2	0.028 1	
	8-60-1	页岩	64.2	8.1	0.040 5	
	8-60-2	粉砂岩	413.1	4.8	0.030 3	

表 4-12(续)

井号	岩样编号	岩性	取样深度/m	孔隙度/%	渗透率/(10⁻³ μm²)	备注
二井田	17	黏土页岩	297.67～298.55	2.66		青海煤炭地质局
	12	页岩	193.54～195.34	2.65		
	35-1	粉砂岩	114.81	2.09		青海一零五队资料
	35-2	粉砂岩	88.52～90.25	2.64		
	35-3	粉砂岩	118.34～120.14	2.33		
	35-4	粉砂岩	124.36～137.39	3.07		
	35-5	粉砂岩	150.64～164.48	2.04		
	35-6	粉砂岩	471.16～477.24	2.61		
	35-7	粉砂岩	508.03～512.15	2.72		
	35-8	粉砂岩	555.72～561.48	2.65		
	35-9	粉砂岩	620.54～626.00	2.67		
三井田	1	泥岩	78.15～79.95	7.63		勘探报告[101]
	2	粉砂岩	206.70～218.00	5.07		
	3	粉砂岩	257.50～262.70	4.38		
	4	粉砂岩	268.65～271.70	4.74		
二三露天	1	粉砂岩	60.10～62.80	4.26		详查报告[102]
	2	粉砂岩	210.10～216.70	4.76		
	3	泥岩	218.00～219.85	4.74		
	4	泥岩	243.30～244.85	5.58		
	5	泥岩	112.80～115.20	4.44		
	6	粉砂岩	132.35～134.70	4.33		
	7	粉砂质泥岩	245.10～249.50	4.46		
均值				3.752	0.028	

二、脆性矿物含量

脆性矿物含量是页岩气勘探开发中的一个重要参数，其影响页岩基质孔隙度和微裂缝发育程度、含气性及压裂改造方式。利用中国矿业大学(北京)国家重点实验室 XRD(X-ray diffraction)实验室相关测试仪器，对矿物种类及其百分含量值进行估测。

X射线是一种波长很短(约为2～0.6 nm)的电磁波,能穿透一定厚度的物质,并能使荧光物质发光、照相乳胶感光、气体电离。在用电子束轰击金属"靶"产生的X射线中,包含与靶中各种元素对应的具有特定波长的X射线,称为特征X射线。X射线衍射已经成为研究晶体物质和某些非晶态物质微观结构的有效方法。

木里地区含煤层段属于陆相沉积环境,各类岩石中含有的脆性矿物较富集,石英、长石、方解石以及白云石的百分含量平均达到36.76%(表4-13)。这对于后期开发压裂技术的实施,可以产生有利的影响。

表4-13　木里煤田矿物含量数据表

编号	岩性	矿物含量/%									
		石英	钾长石	斜长石	方解石	白云石	菱铁矿	黄铁矿	普通辉石	锐钛矿	黏土矿物
4-54-1	煤	27.3	3.8	2.0	6.4	5.3	1.2				54.0
4-54-2	碳质泥岩	26.9				1.2	1.8			1.8	68.3
4-54-3	煤	22.8	0.7		0.7	17.6	2.3				55.9
4-54-4	煤	21.3	0.8			18.6	2.4			0.6	56.3
DK-3-2	煤	25.0		2.8			4.3		4.1	2.5	61.3
8-60-1	粗砂岩	24.4					12.9				62.7
8-60-2	煤	36.7					6.4				56.9
8-60-7	煤	31.5			18.3		0.7			1.3	48.2

在岩石的矿物百分含量中,我们发现黏土矿物的占比很高,平均值可以达到57.95%(表4-13),黏土矿物拥有比较大的比表面积,拥有更强大的吸附能力,对于烃类气体在泥页岩中的富集是非常有利的。

三、构造作用对于储层的改造作用

木里煤田位于中祁连大通河流域上游的拗褶带中,其北、南、西、东分别被托来山南缘断层(即中祁连北缘缝合带)、大通山北缘逆断层、唐莫日曲河北东向平推逆断层、萨拉沟北东向元古界隆起边界约束,形成一个狭长的呈四边形形态的复式向斜[103]。

祁连山含煤区的主体就是木里煤田,其下属矿区包括热水、默勒、外力哈达、江仓、弧山、聚乎更、哆嗦公马、雪霍立等矿区及其下属的一个或多个井田。

木里煤田的成煤期主要是早、中侏罗世,之后木里煤田经历了燕山、喜马拉雅两期构造运动南北方向的挤压,产生大量的断裂和逆冲推覆构造,含煤地层发生变形和剥蚀,遂形成现今构造格局[103]。

1. 木里煤田构造单元划分

木里煤田的构造格局为总体呈北西西向展布的拗褶带,受南北区域性断裂带的控制及煤系基底构造的影响,煤田构造空间分布具有明显的差异性。研究区内断裂构造十分发育,呈密集带状分布,走向方向以北西西、东西为主。这些断层性质以逆冲性质为主,这些构成煤田主体格架,将煤田划分为北、中、南三带。另外,矿区或井田的自然边界由北西、北东向斜向断裂构成,可将研究区自西向东分为西、中、东三段[86](表4-14)。

表 4-14　木里煤田构造单元划分及矿区分布[103]

	西段 1	中段 2	东段 3
南带(A)	哆嗦公马、聚乎更、雪霍立		外力哈达、热水
中带(B)	弧山	江仓	海德尔
北带(C)		冬库、日干山	默勒

2. 木里煤田断裂和褶皱构造

木里煤田区内的断裂构造非常发育,一组为大规模逆冲断层,走向呈北西西-南东东向展布,与区域推覆构造系统相平行(图 4-5)[100]。该组断裂在研究区内最发育,控制了区内煤系和煤层总体的空间分布形态。断层在托来山和大通山前缘断裂呈密集的叠瓦状产出,且部分断层的断层面在研究区的北部向北倾、在南部断层面向南倾,中部的大通河沿岸逆冲断裂则相对稀疏,反映了研究区总体上呈对冲型的构造格局。

另外两组分别是北西、北东向展布的正断层,多数具平移性质。北东向的断层较为发育,北西向断层最不发育(图 4-6 和图 4-7)。据其对煤系的影响程度又可分为两种类型,一类是影响煤系和煤层的发育及其厚度变化的同沉积断裂,发生在中侏罗世聚煤期;另一类是决定煤系和煤层现今赋存状态的断裂,主要发生在成煤期之后,破坏了煤层的连续性和完整性。

木里煤田总体的构造形态为一个北西西走向的复式向斜,其形成机理是由于南北向的区域构造应力对冲而形成的。区内的褶皱构造以向斜为主,分布于叠瓦状逆冲断层的下降盘,总体呈北西西-南东东向展布,其内沉积有侏罗系含

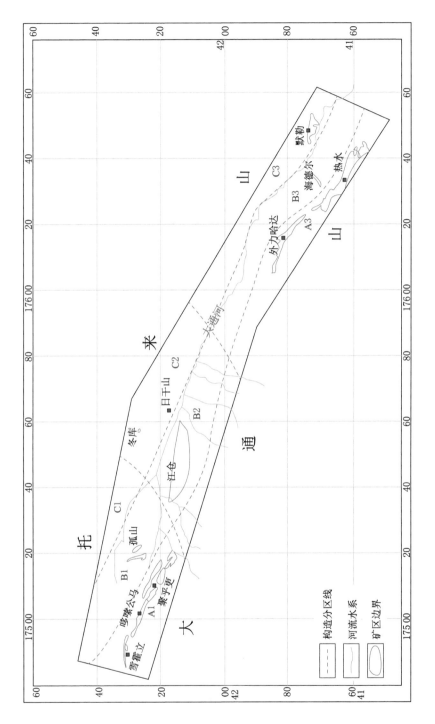

图4-5 聚乎更矿区东部井田构造格局图

煤地层。由于受区域应力的强烈挤压,向斜的现今形态多不完整,其两翼多呈不对称状产出,一翼发生陡立-倒转,另一翼则正常发育,使其总体构造形态为不对称向斜或单斜构造。区内的背斜不太发育,由于受到叠瓦状逆冲断裂的强烈挤压,多呈紧密状产出,且遭受了强烈的剥蚀。

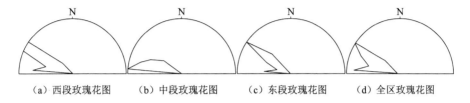

（a）西段玫瑰花图　　（b）中段玫瑰花图　　（c）东段玫瑰花图　　（d）全区玫瑰花图

图 4-6　木里煤田走向断层玫瑰花图[45]

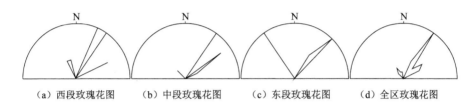

（a）西段玫瑰花图　　（b）中段玫瑰花图　　（c）东段玫瑰花图　　（d）全区玫瑰花图

图 4-7　木里煤田倾向断层玫瑰花图[45]

木里煤田范围内断裂和褶皱系统极为发育,断裂组合格局及其形成的环境条件(褶皱、隆起与拗陷)控制了中生代含煤盆地的沉积建造及对其后期的改造作用。通过构造作用的改造,泥页岩类自生自储的性能得到了提高。

第五章　木里煤田天然气水合物赋存条件研究

为了提高木里地区天然气水合物的勘探研究水平和钻探成功率,研究天然气水合物形成的基础问题,从油气成藏的观点出发,结合区域地质勘探成果,在分析木里地区天然气水合物成藏所需的物源条件、储集条件、盖层条件、运移方式的基础上,得到木里地区天然气水合物广义自生自储、短距运移成藏模式[104]。并对其勘探远景进行了分析和预测,指出了下一步勘探的有利地区。研究成果对木里地区乃至整个高原冻土区天然气水合物的勘探实践具有一定的参考作用。

第一节　木里煤田天然气水合物的基本特征

一、天然气水合物产出位置

2008 年 11 月～2009 年 9 月期间,中国地质调查局在聚乎更矿区三露天(井田)内施工的科学钻探试验孔位于青海省天峻县木里镇境内,海拔 4 062 m,地理坐标为 38°05.591′N,99°10.260′E。该孔地处中祁连构造带和南祁连构造带的结合部位(图 5-1)[2-4,105]。

目前在科学试验孔 DK-1、DK-2、DK-3 的多个层位已采集到天然气水合物实物样品[2,3,5,7,105,106]。DK-1 孔发现的三个天然气水合物层位均位于中侏罗统江仓组油页岩段的细粉砂岩夹层内,赋存状态为孔隙或裂隙中分布,裂隙宽一般为 0.5～1 mm,最宽可达 3 mm。水合物饱和度不详。水合物的赋存状态主要有两种,一种是呈团块状、薄片状分布在细粉砂岩的裂隙中,另一种是呈浸染状分布在细粉砂岩的孔隙中,其中前者是最主要的赋存形式,后者次之。总体

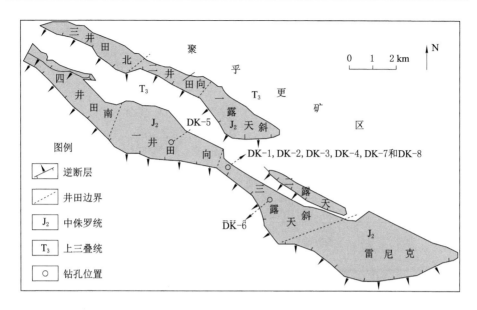

图 5-1　木里煤田天然气水合物科研钻探孔井位图

而言,发现天然气水合物的深度集中在 133~396 m,天然气水合物呈白色冰状薄层分布在岩层的裂隙中,或呈肉眼难辨的微细浸染状产在岩层的孔隙中。天然气水合物所在层段的岩性主要为泥岩、油页岩、粉砂岩、细砂岩等,其天然气水合物的产状不稳定,在水平和垂直方向上产出均不连续[105,107]。祁连山冻土区天然气水合物及其异常产出的基本特征见表 5-1。

表 5-1　祁连山冻土区天然气水合物及其异常产出的基本特征[105]

孔号	层段/m	产出位置	岩性描述	孔深/m	备注
DK-1 钻孔	133.5~135.5	孔隙+裂隙	灰-灰白色细砂岩,以石英为主,次为高岭土化长石,坚硬,局部岩心较破碎	182.23	事故终孔
	142.9~147.7	裂隙	灰-深灰-黑灰色粉砂岩、泥岩,裂隙发育,半坚硬,岩心破碎		
	165.3~165.5	孔隙+裂隙	深灰-灰色含泥粉砂岩,裂隙发育,半坚硬,岩心破碎		
	169.0~170.5	孔隙+裂隙	深灰-灰色粉砂岩,裂隙发育,半坚硬,岩心破碎		

表 5-1(续)

孔号	层段/m	产出位置	岩性描述	孔深/m	备注
DK-2 钻孔	144.4～152.0	孔隙＋裂隙	浅灰-灰褐色中-细砂岩,以石英为主,次为长石,局部岩心破碎,泥化,且裂隙发育	635.20	设计孔深
	156.3～156.6	裂隙	黑褐色油页岩,裂隙发育,6～8条/cm,宽0.5～1.0 mm		
	235.0～291.3	裂隙	褐-灰黑色泥页岩、油页岩,局部裂隙发育		
	377.3～387.5	孔隙	灰-灰白色中砂岩,以石英为主,次为长石,含大量炭屑,坚硬,局部裂隙发育、岩心破碎		
DK-3 钻孔	133.0～156.0	裂隙	灰褐-黑褐色泥岩、油页岩,裂隙非常发育,局部岩心破碎	765.01	设计孔深
	225.1～240.0	裂隙	灰-深灰色泥岩、油页岩,裂隙发育,局部岩心破碎		
	367.7～396.0	孔隙＋裂隙	灰白-褐灰色细-粉砂岩,以石英为主,长石次之,并含少量炭屑,局部裂隙发育,岩心较破碎		
DK-4 钻孔	115.0～150.0	孔隙＋裂隙	浅灰-灰-深灰色粉砂岩、细砂岩、泥岩,以石英为主,长石次之,含云母、炭屑、叶片化石及煤屑,局部含黄铁矿,坚硬-半坚硬,裂隙发育,岩心破碎	466.65	设计孔深
	162.0～163.0	孔隙	灰色粉砂岩,夹煤线及泥岩薄层,半坚硬		

水合物存在的直接或者间接证据包括以下几个方面:① 岩心裂隙面上发现白色、乳白色的晶体状物质;② 水合物样品点火能直接燃烧,甚至持续半分钟以上,并不断释放出气体和水;③ 干净的岩心面上能不断冒出气泡和水滴(水合物分解后释放出甲烷和水);④ 岩心放进水里能不断冒泡;⑤ 岩心放进瓦斯罐内能解析出大量气体;⑤ 在岩心裂隙面上发现晶型完好的自生碳酸盐矿物;⑦ 在130 m以下共发现四层异常高压气体,其中上部三层的井深与水合物层段基本一致;⑧ 测井曲线中存在明显的高电阻率、高声速标志。

二、天然气水合物气体特征

DK-1孔130 m以下钻遇有异常高压气体,采集的气体样品(S-1-2)分析结果与水合物中的气体组分及其含量大同小异,说明这些异常气体有可能是水合物分解后所释放的气体。水合物分解后的气体样品测试结果表明,水合物中以烃类气体为主,甲烷含量为 10.47％～42.9％(表 5-2)。剔除现场大气组分(DQ-1)后,上部两个水合物层位中的甲烷含量分别为 68.75％ 和 52.56％(表 5-2),此外含有较高含量的乙烷、丙烷和丁烷等组分。现场采获的天然气水合物样品利用液氮保存后经青岛海洋地质研究所用 inVia 型激光拉曼光谱仪检测,结果显示出典型的天然气水合物拉曼光谱曲线[2](图 5-2)。测试结果显示(表 5-3),除了甲烷外,还有乙烷、丙烷、CO_2 等成分,初步判断水合物为 sⅡ 型结构水合物[108,109]。

表 5-2　祁连山冻土区天然气水合物分解后气体组分含量[2]　　　单位:％

样品号	深度	CH_4	C_2H_6	C_3H_8	i-C_4	n-C_4	i-C_5	n-C_5	C_6^+	N_2	CO_2	备注
DQ-1	大气									95.87	4.13	实测
G-5-1-2	134 m	42.90	5.40	5.68	0.70	3.48	0.45	0.70	2.55	35.98	2.16	
G-6-1-2	143 m	10.47	1.62	3.38	0.35	0.53	0.05	0.05	0.50	76.76	6.28	
S-1-2	泥浆气	59.01	6.23	9.43	0.93	1.01	0.13	0.12	1.71	19.27	2.16	
G-5-1-2	134 m	68.75	8.65	9.10	1.12	5.58	0.72	1.12	4.09		0.98	换算
G-6-1-2	143 m	52.56	8.13	16.97	1.76	2.66	0.25	0.25	2.51		14.93	
S-1-2	泥浆气	73.85	7.80	11.80	1.16	1.26	0.16	0.15	2.14		1.66	

表 5-3　DK-2 水合物样品真空采集分析数据[2]　　　单位:％

深度/m	C_1	C_2	C_3	i-C_4	n-C_4	n-C_5	O_2	N_2	CO_2
224	54.64	7.78	4.43	0.26	1.64	0.37	0.35	12.99	17.56
230	55.36	14.62	16.11	1.56	3.70	1.05	1.66	3.24	2.70
231	66.14	10.77	8.53	0.82	3.25	0.91	0.86	7.01	1.69
232	66.05	10.16	6.02	0.57	2.45	0.86	1.43	11.48	0.98
235	72.81	10.35	7.08	0.66	2.11	0.82	1.27	3.91	0.98
250	56.67	7.75	10.68	1.14	1.67	0.00	4.20	12.00	5.88
253	68.13	9.60	18.25	1.69	1.53	0.35	0.00	0.00	0.45
266	66.54	8.93	20.97	1.93	1.02	0.18	0.21	0.00	0.23
275	65.45	9.98	6.50	0.58	3.22	1.18	0.00	6.52	6.58
288	54.51	12.21	16.14	1.43	4.25	1.39	1.64	4.77	3.67
290	75.76	9.81	7.55	0.75	2.53	0.78	0.00	0.48	2.34
290	65.63	9.01	21.04	2.10	1.14	0.00	0.06	0.00	1.02

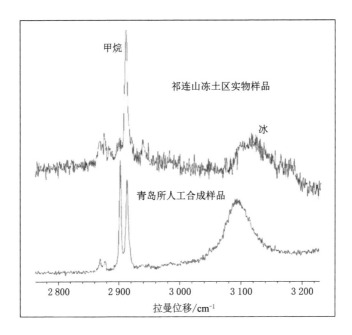

图 5-2　DK-2 孔样品的激光拉曼光谱曲线及其对比图

DK-1 孔和 DK-2 孔含天然气水合物岩心解吸的气体经气相色谱分析,总烃含量为 59.31%～99.57%,平均值为 87.00%,$C_1/\sum C_{1-5}$ 为 59.91%～79.05%,属湿气。除轻烃外,还含少量 C_6 以上重烃,含部分 CO_2、N_2 和少量 O_2。解吸出的气体除包含天然气水合物本身气体外,可能包含岩心吸附的气体并混有部分空气[9]。

DK-1 孔两个水合物样品送中国科学院地质与地球物理研究所兰州油气资源研究中心,对烃类气体的碳氢同位素进行了测试(表 5-4),其 $\delta^{13}C_1$ 值分别为 -39.5‰ 和 -50.5‰(PDB 标准),并具有 $\delta^{13}C_1<\delta^{13}C_2<\delta^{13}C_3$ 的特征[9]。

表 5-4　木里煤田 DK-1 孔天然气水合物的气体同位素测试结果[9]　　　单位:‰

样品号	深度/m	$\delta^{13}C_1$	$\delta^{13}C_2$	$\delta^{13}C_3$	$\delta^{13}i\text{-}C_4$	$\delta^{13}n\text{-}C_4$	$\delta^{13}C_{CO_2}$	δDC_1	δDC_2	备注
G-5-1-1	134	-50.5	-35.8	-31.9	-31.9	-31.0	-18.0	-262	-240	排水法
G-6-1-1	143	-39.5	-32.7	-30.8	-31.1	-30.4	-18.0	-266		排水法
S-1-2		-47.4	-35.0	-31.8	-31.8	-30.9	-17.0	-268	-254	泥浆气

第二节　木里煤田天然气水合物成矿条件分析

相关研究表明,天然气水合物的形成、分布受到了温度、孔隙压力、气体化学成分、孔隙水的盐度、有效的气和水、气和水的运移通道、储层的岩性和封闭性等一系列条件的控制。在冻土区能否形成天然气水合物主要受温度、压力、气体组分、孔隙水盐度和沉积物物性等因素控制[110-112]。

木里地区形成天然气水合物具有独特的优越条件。研究木里地区的冻土状态以及地温梯度,冻土层的发育过程(储、盖条件)与烃类气体运聚的耦合效应(即时间匹配过程),区域地质构造(运移通道)以及天然气的产生(气源)等,对于研究天然气水合物在此形成的条件等提供了前提[3,106]。

一、冻土层条件

青藏高原不断隆升,削短了温暖期,多年冻土不断加积,厚度逐渐增大,形成目前厚达百余米的大片连续多年冻土。

多年冻土的分布受到多种因素,如海拔高度、纬度、坡向、植被、雪盖、构造以及地下水等的影响和制约[112]。海拔高度每升高 100 m,地温降低 0.8～0.9 ℃,冻土厚度增大 20 m 左右;纬度每升高 1°,地温降低 1 ℃,冻土厚度约增大 2 030 m[3]。青藏高原中部多年冻土层最厚,向北随海拔降低而减薄,向南因纬度的降低而减薄等。在垂直分布上,青藏高原多年冻土与季节冻土大多是衔接的。

古代和现代的冰川盖层对于天然气水合物成藏过程有影响,因为古代冰川盖层的延伸和厚度可形成压力,将流体(水、石油和天然气)从细分散岩石(渗透性差的岩石中)压到储集性能良好的地层中。另外,冰川盖层的移动和强力冲蚀作用可能对部分石油和天然气的矿床构成破坏,进而在适应的温压条件下形成天然气水合物[104]。

木里地区是祁连山冻土区的核心,除局部地段外,多年冻土连续分布。根据 1965 年中国科学院冰川冻土研究所在热水煤矿区的研究资料表明,海拔在 3 800 m 以上,冻土在空间上是连续分布的。木里煤田海拔 4 000 m 左右,冻土属于连续分布状态。潘语录等[113]曾选择了煤田内聚乎更、江仓、热水三个矿区的 30 个测温孔进行了分析,多年冻土层厚度为 13.60～159 m,平均厚度为 79 m。本书着重对木里煤田各矿区冻土层的厚度、底界及平面分布特征进行了研究(图 5-3)。研究表明冻土层厚度一般与海拔高度成正比。木里煤田的天

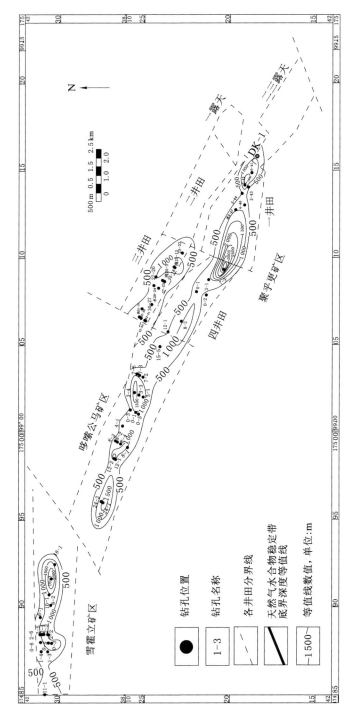

图5-3 木里煤田多年冻土层厚度等值线图

然气水合物产于冻土层之下,冻土带除了提供适合的温度条件外,还作为天然气水合物的盖层,其由于渗透性差,能够有效地防止水合物带中气体的逸散。

二、温压条件

形成天然气水合物的温度条件主要受年平均地表地温和地温梯度的影响,压力条件则主要取决于地层厚度[114]。

适合的温压条件是天然气水合物形成的先决条件,压力条件主要是来源于上覆岩层压力,相比之下在青藏高原地区,温度条件要比压力条件更有主导性。而冻土区的低温就是良好的温度条件。

木里煤田位于青藏高原北部高原冻土区,海拔高度约 4 100～4 300 m,年平均气温−5.1 ℃,具备发育较厚多年冻土的气候条件。多年冻土和多年冻土层下融土的地温梯度是天然气水合物能否存在的温度条件(表 5-5、表 5-6)[115-116]。

表 5-5 青藏高原多年冻土区天然气水合物分布各参数统计[115]

地温梯度 /(℃/100 m)	类型	顶界(HT) 变化范围/m	底界(HB) 变化范围/m	厚度(HZ) 变化范围/m	储量 /(×10^14 m^3)	总储量 /(×10^14 m^3)
2	A	107.7～142.7	470.1～1 182.5	334.1～163.1	2.07	2.98
	B	125.2～354.6	384.4～678.5	51.0～547.2	0.91	
3	A	107.7～142.7	315.8～1058.6	173.1～922.2	0.98	1.04
	B	125.2～171.1	190.6～305.0	40.8～174.3	0.06	
4	A	107.7～142.7	202.6～994.4	59.9～856.0	0.61	0.62
	B	125.2～138.3	153.6～192.0	25.5～55.1	0.01	
5	A	107.7～142.7	170.9～958.9	28.2～825.6	0.45	0.453
	B	128.7～137.3	151.9～157.3	20.0～24.5	0.003	

注:表中 A 类型为含天然气水合物层顶界在多年冻土层内,底界在冻土层之下;B 类型为含天然气水合层顶界、底界都在多年冻土层之下。

总体上看,青藏高原多年冻土的特征是温度高、厚度薄,二者主要受纬度和海拔高度的控制,同时受地形的影响也较为明显。图 5-4 所示是近年来青藏高原多年冻土深孔地温监测情况,多年冻土层内地温梯度变化范围是 1.1～3.5 ℃/100 m,平均 2.2 ℃/100 m[117]。

表 5-6　青藏高原多年冻土带天然气水合物可能产出的顶、底界埋藏深度[117]

天然气水合物影响因素			生物成因甲烷水合物			热成因天然气水合物		
冻土层地温梯度/(℃/m)	冻土层之下沉积物地温梯度/(℃/m)	冻土层厚度/m	顶界埋深/m	底界埋深/m	水合物厚/m	顶界埋深/m	底界埋深/m	水合物厚/m
0.011	0.015	0	N	N	N	206	999	793
		10	N	N	N	189	1 019	830
		30	560	560	0	155	1 064	909
		175	128	1 314	1 186	75	1 314	1 240
		700	118	2 070	1 952	58	2 070	2 012
	0.05	0	N	N	N	N	N	N
		10	N	N	N	N	N	N
		30	N	N	N	N	N	N
		77	N	N	N	77	77	0
		142	142	142	0	76	252	176
		175	140	387	247	75	296	221
		700	118	1 067	949	58	910	852
0.033	0.015	0	N	N	N	206	999	793
		10	N	N	N	189	1 019	830
		30	560	560	0	155	1 064	909
		175	137	1 314	1 177	68	1 314	1 247
		700	70	2 070	2 000	27	2 070	2 043
	0.05	0	N	N	N	N	N	N
		10	N	N	N	N	N	N
		30	N	N	N	N	N	N
		77	N	N	N	77	77	0
		142	142	142	0	71	252	181
		175	137	387	249	68	296	228
		700	70	1 067	997	27	910	882

注:N 表示不能形成天然气水合物。

　　青海煤炭地质勘察院《用煤田测井方法解释天然气水合物储集层技术研究报告》中统计得聚乎更矿区四井田多年冻土厚度 79.83 m,地温梯度 2.974 ℃/100 m,证明了该地区具有较小的地温梯度值,大大地拓宽了天然气水合物稳定

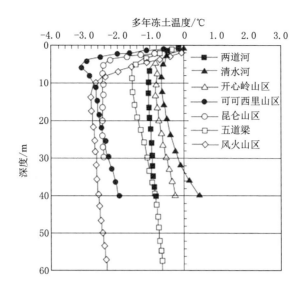

图 5-4　青藏高原多年冻土层内的地温梯度[116]

带的深度范围[86]。

三、物源条件

1. 气源条件

经过前人研究,当气体的浓度大于其溶解度时,并且气体供应充足时,就能在稳定带内产出水合物。大量研究证实:气体的充足供应是形成天然气水合物不可或缺的条件[118]。甲烷在水中的溶解度很低,要形成天然气水合物,1 体积的水中要容纳大于 150 体积的甲烷气,必须气源充足[119]。

木里地区具有分布广泛的侏罗纪含煤盆地,储藏有丰富的煤炭资源,并且煤质较为齐全,从长焰煤到低质无烟煤均能见到,煤的变质作用以深成变质为主,有利于形成煤成气。煤成气是形成天然气水合物最佳的气源。另外,该地区的石炭系、下二叠统、上三叠统、侏罗系地层中有发育较好的暗色泥(灰)岩、油页岩等烃源岩,实验表明其有机质成熟度较高,均处于成熟-过成熟阶段,达到了生气高峰,可为天然气水合物的形成提供丰富的生烃潜力[120]。以上物源条件为本区天然气水合物的形成提供了良好的气源保证[104]。

2. 水源条件

水在水合物形成过程中作为主要物质条件,不可缺少。在天然气水合物的形成过程中,水的来源包括两部分,一部分可能与烃类一同运移而来的,另一部分可能从沉积物中获得[103]。木里煤田内水系发育,水文地质条件完全被多年冻土(岩)所控制。除湖泊融区、构造融区外,其他出露地层中都大面积发育有多年冻土层,但厚度变化不一,似岛状分布[113]。

综上分析,木里煤田地区气源和水源条件良好。

四、储层条件

目前发现的天然气水合物主要出现在泥岩、油页岩、粉砂岩、细砂岩等层段中,主要产于岩层的裂隙或孔隙中,明显受裂隙的控制。出现的层段主要在井下 130~400 m 的层段,纵向上分布不连续,横向上没有明显的对比关系,主要受天然气水合物稳定带控制,同时受到断裂及气源条件限制[104,109]。

木里煤田中侏罗统含煤地层包括木里组和江仓组。江仓组地层由下段的三角洲-湖泊相演变为上部的浅湖-半深湖相而来,沉积了一套细碎屑泥岩、粉砂岩[120]。江仓组地层中,节理、裂隙较发育,平均孔隙度达到了 3.8%,为水合物的赋存提供了有利的场所(表 5-7)[104]。

表 5-7　木里煤田各井田岩样孔隙度及渗透率数据

井号	岩样编号	岩性	取样深度 /m	孔隙度 /%	渗透率 /(10^{-3} μm^2)	备注
一井田 五号井	4-46-6	细砂岩	104.10	1.2	0.026 1	
	4-46-7	含砾砂岩	106.60	4.9	0.059 5	
	4-46-8	粗砂岩	143.00	4.6	0.141	
	4-46-9	砂岩	132.00	3.3	0.133	
一井田 六号井	4-54-1	细砾岩	60.2	6.8	0.540	实测数据
	4-54-2	细砂岩	524.8	2.8	0.176	
	8-59-1	粗砂岩	190	5.3	8.45	
	8-59-2	含砾砂岩	320.5	2.8	0.027 7	
	8-60-1	细砂岩	215.2	4.3	0.033 5	
	8-60-2	细砂岩	362.8	2.8	0.014 6	
	8-60-3	细砂岩	394.1	3.5	0.027 8	
	8-60-4	粗砂岩	596	4.2	0.0413	

表 5-7(续)

井号	岩样编号	岩性	取样深度 /m	孔隙度 /%	渗透率 /(10^{-3} μm^2)	备注
二井田	22	中粒砂岩	74.51～75.26	2.65		青海一零五队资料
	9	细粒砂岩	271.19～272.43	2.64		
	10	中粒砂岩	99.27～101.12	2.60		
	35-1	细砂岩	47.18～57.20	2.18		
	35-2	中砂岩	57.20～61.70	1.67		
	35-3	细砂岩	61.70～68.54	2.41		
	35-4	中砂岩	71.73～78.11	2.95		
	35-5	细砂岩	94.00～97.73	2.63		
	35-6	中砂岩	103.97～111.11	3.37		
	35-7	中砂岩	192.50～194.00	5.64		
	35-8	中砂岩	317.59～319.43	1.85		
	35-9	细砂岩	335.24～344.28	2.21		
	35-10	中砂岩	360.59～371.68	2.65		
	35-11	中砂岩	468.68～470.87	2.65		
	35-12	中砂岩	515.66～521.32	2.65		
	35-13	细砂岩	591.63～592.29	2.64		
	35-15	中砂岩	593.06～599.66	2.63		
	35-16	粗砂岩	600.05～608.00	2.67		
	35-17	中砂岩	626.00～628.45	2.69		
	35-18	粗砂岩	633.94～641.00	2.65		
三井田	1	细粒砂岩	68.10～73.75	7.55		勘探报告
	2	细粒砂岩	94.40～98.50	4.76		
	3	粗粒砂岩	164.00～168.15	4.62		
	4	细粒砂岩	186.90～189.20	5.22		
二三露天	1	细粒砂岩	37.85～44.20	4.41		详查报告
	2	中粒砂岩	78.90～81.25	4.81		
	3	含砾粗砂岩	85.10～95.15	9.26		
	4	中粒砂岩	103.80～108.00	6.37		
	5	细粒砂岩	125.30～129.30	4.71		

表 5-7(续)

井号	岩样编号	岩性	取样深度 /m	孔隙度 /%	渗透率 /(10⁻³ μm²)	备注
二三露天	6	细粒砂岩	135.50~141.15	9.25		详查报告
	7	中砂岩	221.00~222.70	3.99		
均值				3.848	0.806	

五、地质构造条件

在多年冻土层与基岩接触部位、烃类向上运移的通道中(一般为断层破碎带)、盆地边缘油气储层的露头区等构造位置,由于容易对盖层产生破坏,所以对于传统油气的形成是不利的;但是对于天然气水合物来说,正是由于多年冻土层的存在充当了新的盖层,而已形成的油气藏遭到破坏逸散,为水合物的形成提供了气源。另外局部隆起,也是天然气水合物赋存的有利部位[119]。

热解成因天然气水合物来源于煤成气或常规气藏泄漏,进入水合物温压稳定带形成可燃冰。导通烃源层与储集层的断裂构造是烃类气体运聚的重要通道;而断层的封堵性则是形成天然气水合物的重要因素。烃类到达稳定带有多种途径,包括扩散和对流[118]。通过构造断裂等将天然气水合物运移至水合物储集层(砂岩、泥岩层)内,稳定带内广泛发育的裂隙、孔隙等也为天然气水合物的成藏提供了优越的赋存位置。

青藏高原的近代地震活动反映该地区第四纪断裂活动频繁,为水合物形成提供了有利的流体运移通道。木里煤田聚乎更矿区位于祁连坳褶带西段,矿区内断裂构造发育(图5-5)。断裂组合格局及其形成的环境条件(褶皱、隆起与拗陷)控制了中生代含煤盆地的沉积建造及对其后期的改造作用。木里煤田内侏罗纪成煤期后基本上未受岩浆活动影响。在煤系沉积后的构造作用形成的断裂构造等又为地壳深部热解作用形成的烃类气体提供了运聚的重要通道,导通了煤层(或其他源岩)与储层(稳定带)[104]。

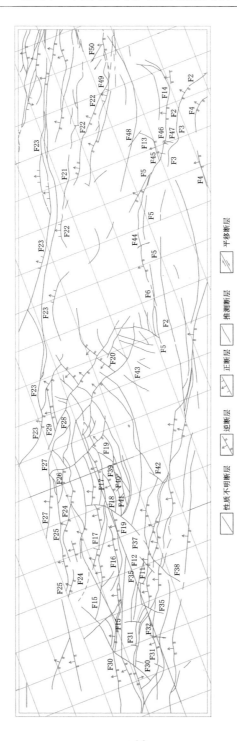

图5-5　木里煤田构造图

第三节　木里煤田天然气水合物气源分析

一、天然气水合物气体成因的讨论

关于天然气水合物烃类气体成因,存在热解成因、微生物成因和二者混合成因等三种说法[12]。目前世界上冻土层内及层下的气喷或气体泄漏现象广泛出现于俄罗斯西伯利亚、加拿大麦肯齐三角洲和美国阿拉斯加地区,这些地区往往都是天然气水合物或天然气田分布区[13-16]。目前已发现的极地永久冻土层的天然气水合物多来自浅层的微生物气,也有部分是由深部的热解气或天然气藏沿活动断层迁移上来的。

木里地区有限天然气水合物实物样品和有限的测试分析数据造成了气体成因分析的难度和多解性。现有 DK-1 孔两个实物样品在 $C_1/(C_2+C_3)$-$\delta^{13}C_1$ 图解中主要落在热解成因区间,在 δD_{CH_4}-$\delta^{13}C_{CH_4}$ 图解中,落在热解成因气区间和醋酸根发酵区间,如图 5-6 所示。

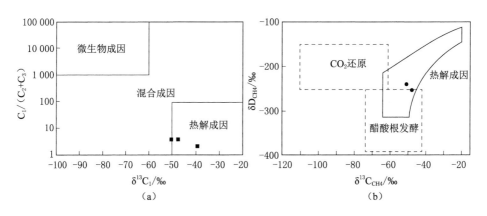

（a）　　　　　　　　　　　（b）

图 5-6　天然气水合物气体的 $C_1/(C_2+C_3)$-$\delta^{13}C_1$ 图解和

δD_{CH_4}-$\delta^{13}C_{CH_4}$ 图解

祝有海等认为,DK-1 孔两个水合物样品的碳氢同位素分析结果显示出明显的深部热解气特征,而不是浅部微生物气;推测气体来源主要来自附近的煤层气,但不排除深部迁移上来的热解气,特别是下伏石炭系暗色泥(灰)岩、下二叠统草地沟组暗色灰岩、上三叠统尕勒得寺组暗色泥岩等烃源岩以及侏罗系油页岩提供的热解气[2,105]。

卢振权等基于 DK-1 孔和 DK-2 孔的测试数据,开展了气体组成和同位素特征及 $\delta^{13}C_1$-$1/n$、$C_1/(C_2+C_3)$-$\delta^{13}C_1$、δD_{CH_4}-$\delta^{13}C_{CH_4}$、$(\delta^{13}C_2-\delta^{13}C_3)$-$\ln(C_2/C_3)$、$\ln(C_2/C_3)$-$\ln(C_1/C_2)$ 等关系图解的综合研究,分析认为,该区天然气水合物的气体为有机成因,且以热解成因为主,夹少量微生物成因(醋酸根发酵);热解成因气主要与原油裂解气、原油伴生气有关,少部分与凝析油伴生气、煤成气、干酪根裂解气有关。他指出,这一分析结果可能意味着研究区天然气水合物的气体来源与油型气密切相关,而与煤型气关系不大[108,109]。

曹代勇等[44]提出了"煤型气源"天然气水合物的概念,以表征木里煤田天然气水合物的特点。他认为在青藏高原木里地区发现的天然气水合物位于多年冻土区内的侏罗纪含煤盆地中,结合实验数据分析,考虑到碳质的来源,提出了侏罗纪的煤层和煤系源岩及分散有机质热演化过程中形成的烃类气体是木里煤田天然气水合物主要来源的观点[6,7,59,106,121,122]。

二、烃源岩特点分析

木里煤田(拗陷)发育多套烃源岩系,自下而上有石炭系暗色泥灰岩、下二叠统草地沟组暗色灰岩、上三叠统孕勒得寺组暗色泥岩、侏罗系暗色泥页岩。烃源岩质量好,其中石炭系烃源岩有机质已进入过成熟阶段,其他套烃源岩系基本上处于成熟-高成熟阶段[17,120]。尽管上述烃源岩具有良好的生油生气潜力,但其资源有限,迄今在木里煤田及其邻区尚未发现具规模的常规油气藏。

木里煤田是青海省最大的煤田,侏罗纪煤系资源丰富,资源总量达 145.84 亿 t,煤质较齐全(从长焰煤到贫煤),以中低变质烟煤为主。煤系烃源岩的镜质体反射率 R_o 实测为 $0.74\%\sim1.851\%$,平均值为 1.197%,有机质演化阶段处于成熟-高成熟度的凝析油和湿气带,而天然气水合物气体干燥系数 $C_1/\sum C_{1-5}$ 平均值 71.16%,干燥系数 <0.95,属于湿气[9],两种参数的结论是一致的。上述演化阶段是烃类气体生成的高峰期,产出气体含一定数量的重烃组分,此类气体的天然气水合物稳定带温压范围较宽[16],有利于成矿。

木里煤田侏罗纪煤系煤化作用过程中产出了相当数量的烃类气体,据估算,仅煤炭资源总量的理论累计产气量就高达 14 930.9 亿 m^3,但是目前保存在煤层中的煤层气总量偏低,仅为 91.44 亿 m^3,二者之差即是逸出的烃类气体,其是构成天然气水合物成矿的充足物质基础。此外,侏罗纪煤系中暗色泥岩、油页岩发育,有机质丰度高,属于好的烃源岩、Ⅱ型干酪根,有利于生烃

（表 5-8），也是天然气水合物疑似层位[6]。目前来看，天然气水合物均分布在侏罗纪煤系中，与煤层、泥岩、油页岩等层段伴生。这一现象可能体现了该区天然气水合物赋存的基本规律，意味着天然气水合物成藏具有自生自储或短距离运移充注的特点。

表 5-8　木里煤田聚乎更矿区煤系烃源岩有机质丰度和类型

岩性	样品数	有机质丰度		有机质类型		
		TOC/%	$S_1 + S_2$/(mg/g)	级别	HI/(mg/g)	干酪根类型
煤	11	$\dfrac{46.76 \sim 86.06}{73.06}$	$\dfrac{72.09 \sim 185.31}{129.21}$	好	$\dfrac{55 \sim 187}{130.73}$	Ⅲ
油页岩	6	$\dfrac{1.81 \sim 4.05}{2.78}$	$\dfrac{1.98 \sim 11.41}{4.79}$	好	$\dfrac{112 \sim 311}{162.67}$	Ⅱ
炭质泥岩	3	$\dfrac{0.52 \sim 2.70}{1.85}$	$\dfrac{0.23 \sim 15.45}{6.58}$	好	$\dfrac{29 \sim 476}{213}$	Ⅱ

三、气源对比

（一）地球化学方法

现阶段对于天然气水合物成因的研究主要是综合应用有机地球化学方法和有机岩石学来分析天然气水合物中烃类气体的含量、组成及来源。

天然气碳同位素是天然气成因鉴别和气源对比最常用的方法[18,19]。不同成因的烃类气体由不同的碳同位素组成，细菌还原成因的甲烷气的 $\delta^{13}C_1$ 值一般为 $-57‰ \sim -94‰$，热解成因的甲烷气的 $\delta^{13}C_1$ 一般为 $-29‰ \sim -57‰$。在热解成因气中，油型气的鉴别特征是：$-30‰ > \delta^{13}C_1 > -55‰$，$\delta^{13}C_2 < -29‰$，$\delta^{13}C_3 < -27‰$；煤成气的鉴别特征为：$-10‰ > \delta^{13}C_1 > -43‰$，$\delta^{13}C_2 > -27.5‰$，$\delta^{13}C_3 > -25.5‰$[18]。

DK-1 天然气水合物解析气样的碳同位素值主要位于油型气区间，仅 G-6-1-2 样品的 $\delta^{13}C_1$ 值位于油型气与煤型气重叠区间（表 5-9）。自然界不同物质的同位素组成有着明显的区别，利用这种性质，使得稳定同位素在研究油气成因类型、油气源对比、油气运移等诸多方面得到广泛应用。稳定同位素地球化学是研究天然气水合物成矿气体来源的最有效手段，通常是运用水合物中甲烷气体的^{13}C、D 值和硫化氢的^{34}S 值来判定其成矿气体的成因。不同成因的甲烷气具有完全不同的碳同位素组成(表 5-9)。

表 5-9 利用甲烷相关数据鉴别热解/微生物成因气特征[123]

类 型	$\delta^{13}C_1/‰$	$C_1/(C_2+C_3)$
热解成因	≥−50	≤100
微生物成因	≤−60	≥100

微生物成因水合物主要形成Ⅰ型结构的水合物,热解成因水合物主要形成Ⅱ型结构水合物[124-125]。根据烃类气体扩散速率的不同,乙烷、丙烷、丁烷与甲烷一起大量出现,一般指示着烃类气体并非简单地由原地有机质转化而成,相反,应由深部运移而来,特别是丁烷的出现指示了深部渗漏扩散作用[126]。已钻获的天然气水合物样品正是具有较高的乙烷和丁烷含量,这也进一步证明了其是深部热解成因气。

烃类湿度比值 $C_1/(C_2+C_3)$ 是确定天然气水合物成矿气体来源的重要标志之一,根据表 5-10,对 DK-1、DK-2 孔天然气水合物组分计算得到 $C_1/(C_2+C_3)$ 较小,在 1.801~4.475 之间,平均值为 3.266,属于深部热解气。

表 5-10 木里地区 DK-1、DK-2 孔天然气水合物实样 R 值[127]

样品号	$R=C_1/(C_2+C_3)$	样品号	$R=C_1/(C_2+C_3)$
DK-1-5-1-2	3.873 2	DK-2-250	4.177 3
DK-1-S-1-2	3.767 9	DK-2-266	2.225 4
DK-2-224	4.475 0	DK-2-275	3.971 5
DK-2-230	1.801 5	DK-2-288	1.922 8
DK-2-231	3.426 9	DK-2-290	4.364 1
DK-2-232	4.082 2	DK-2-290	2.184 0
DK-2-235	4.177 3	平均值	3.266 0

DK-1 科学钻探试验孔获得的两个水合物样品,分解出的烃类气体的碳氢同位素数据(表 5-11),$\delta^{13}C_1$ 值分别为−39.5‰和−50.5‰(PDB 标准),并具有 $\delta^{13}C_1<\delta^{13}C_2<\delta^{13}C_3<\delta^{13}i\text{-}C_4<\delta^{13}n\text{-}C_4$ 特征,其 δD 值分别为−266‰和−262‰(VSMOW 标准)。其甲烷碳同位素值(δ^{13}C)与氢同位素(δD)及

$C_1/(C_2+C_3)$ 比值的投点均落在深部热解气的范围内,显示出明显的深部热解气特征,而不是浅部的微生物气特征。

表 5-11 祁连山冻土区天然气水合物气体碳氢同位素分析结果 单位:‰

样品号	深度	$\delta^{13}C_1$	$\delta^{13}C_2$	$\delta^{13}C_3$	$\delta^{13}i\text{-}C_4$	$\delta^{13}n\text{-}C_4$	$\delta^{13}C_{CO_2}$	δDC_1	δDC_2
G-5-1-1	134 m	−50.5	−35.8	−31.9	−31.9	−31.0	−18.0	−262	−240
G-6-1-1	143 m	−39.5	−32.7	−30.8	−31.1	−30.4	−18.0	−266	
S-1-1	泥浆气	−47.4	−35.0	−31.8	−31.8	−30.9	−17.0	−268	−254
42-1	泥浆气	−50.7	−36.5				−24.0	−242	
42-2	泥浆气	−52.5	−39.8				−21.8	−252	

在天然气成因图解中,DK-1 样品分布在油型裂解气、凝析油伴生和煤型混合气范围(图 5-7)。在烃类气体成因图解中,仅 1 个气样落入典型煤型气区间,2 个气样位于混合气区间,甚至还有 1 个气样位于油型气范围。瓦斯气样碳同位素分布特征,显示了木里煤田侏罗系煤层的特殊性,即具有典型煤型气与油型气过渡或混合性质。

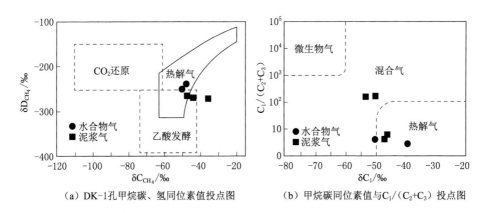

(a)DK-1孔甲烷碳、氢同位素值投点图   (b)甲烷碳同位素值与$C_1/(C_2+C_3)$投点图

图 5-7 天然气成因图解

在木里煤田 DK-1 孔附近的聚乎更一井田采集了 4 个钻孔煤层解吸气样(瓦斯样),送中国科学院兰州地质研究所地球化学测试部进行气体组分和稳定碳同位素测试,针对热解成因气按照煤型气和油型气的鉴别特征(表 5-9)衡量,其中 3 个气样的碳同位素显示出煤型气特征,只有一个样品 WS-8-60-2 气样的

$\delta^{13}C_1$ 偏轻,为一51.4‰,具油型气特征(图 5-8,表 5-12,表 5-13)。所有同位素值均采用国家换算标准 PDB,$\delta^{13}C_1$ 测试精度为±0.5‰,由于乙烷含量很低,$\delta^{13}C_2$ 仅供参考。

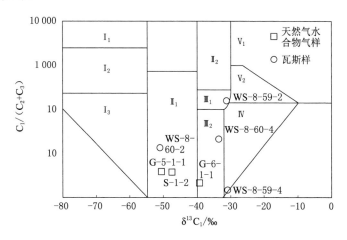

图 5-8 木里煤田烃类气体成因图解

表 5-12 油/煤型气鉴别特征表[104]

类型	$\delta^{13}C_1$/‰	$\delta^{13}C_2$/‰	$\delta^{13}C_3$/‰
油型气	−30~−55	<−29	<−27
煤型气	−10~−43	>−27.5	>−25.5

表 5-13 聚乎更矿区一井田煤层瓦斯气样组分以及甲烷、乙烷碳同位素值

样品编号	煤号	深度/m	同位素/‰		气体组分/%			
			$\delta^{13}C_1$	$\delta^{13}C_2$	CH_4	CO_2	N_2	$C_2{\sim}C_4$
WS-8-59-2	下1煤	568.7~568.8	−29.5	−9.5	56.63	26.73	16.15	0.48
WS-8-59-4	下2煤	706.1~706.2	−28.0	−9.3	10.81	4.66	78.19	6.33
WS-8-60-2	下1煤	655.9~656	−51.4	−19.3	10.40	16.26	72.58	0.76
WS-8-60-4	下2煤	722.4~722.5	−30.7	−18.7	15.27	8.05	76.27	0.42

由于实物样品和实测数据较少,目前尚不能可靠地确定木里煤田天然气水合物气体成因类型。上述有限的数据初步显示,该区天然气水合物烃类气体与煤层气(瓦斯)具有可比性和相似性,呈现混合气特征,其来源复杂,非单一气

源,这也是决定了该区天然气水合物产出的必然性和特殊性的主要原因。

（二）木里煤田天然气水合物气体特殊性原因分析

天然气碳同位素值不仅取决于烃源岩母质类型和成熟度,还可能与烃源岩生烃史、天然气运移聚集过程相关[128]。甲烷碳同位素组成受多种因素的共同制约,二次生烃、异常热事件、甲烷的水溶作用均可使同位素偏轻,解吸-扩散-运移过程中发生的分馏效应导致深部残留气的同位素偏重,而浅部煤层气中甲烷碳同位素偏轻[127]。在相似煤级条件下,煤层气碳同位素随埋藏深度增大而逐渐变重[46]。在我国,侏罗纪煤成气的甲烷碳同位素比三叠纪的重约 3‰（PDB标准）,地质时代效应十分明显[129]。所以,木里地区天然气水合物的发现层位埋深较浅,碳同位素值较低;而该地区煤层大部分属于侏罗系,加之埋深较大,其煤层瓦斯解析气中甲烷碳同位素值就相对偏高,并不能排除该地水合物煤型气成因。

另外,利用中国石油大学（北京）自行研制的天然气水合物成藏一维模拟实验装置,对水合物成藏进行了模拟实验,并对实验前后的原始气样,水合物形成后的游离气、分解气进行了气体组分分析。实验结果表明:水合物分解气中CH_4、N_2 含量降低,而 C_2H_6、C_3H_8、$i\text{-}C_4H_{10}$、$n\text{-}C_4H_{10}$、CO_2 含量增大,游离气中各组分的变化趋势刚好相反。由于不同烃类气体与水合物结合的温压条件不同,水合物形成过程中气体组分发生分异,水合物中甲烷含量减少、湿气含量增大,而游离气中气体变化相反。由此推出,在自然地质条件下形成的水合物稳定带上部溶解气带、水合物稳定带及下部游离气带（或常规气藏）甲烷含量呈中—低—高特点,湿气和二氧化碳含量呈低—高—中的三层结构分布模式。因此,同一气源气体在不同带内表现出不同的气体组分特征[130]。由水合物形成引起的天然气组分分异特性也能够解释已发现水合物组分重烃含量高,甲烷碳同位素较煤层气偏低的现象。

笔者认为,木里煤田天然气水合物气源成因类型属于以广义煤型气为主的混合气。广义煤型气包括煤层气、煤系泥岩气（页岩气）和油页岩气;区内石炭系暗色泥灰岩、下二叠统暗色灰岩、上三叠统暗色泥岩等烃源岩产气是次要气源。

第四节　木里煤田天然气水合物稳定带研究

一、天然气水合物稳定带基本概念

天然气水合物稳定带(gas hydrate stability zone,GHSZ)代表天然气水合物可能存在的最大空间范围,由天然气水合物温压相平衡曲线与地温梯度曲线所圈定。稳定带内的温度和压力处于天然气水合物形成的热力学稳定范围,因此,稳定带是天然气水合物存在的必要条件,对温压稳定带的研究也成为天然气水合物赋存状况研究的基础性工作。

天然气水合物的生成是一个天然气水合物-水-气体三相平衡变化的过程,国内外学者采用理论分析和实验方法研究了天然气水合物相平衡条件,建立了不同气体组分的天然气水合物相态转换的临界温度和压力关系[110,131],该关系在温度-压力图中表现为相平衡曲线。在仅考虑上覆岩层静压力条件下,压力参数可以转换为深度参数,因此,通常可用深度-温度图代替压力温度图。

地温梯度根据实测资料或模拟实验确定。在多年冻土区,地表温度、冻土层地温梯度、冻土层之下地温梯度与天然气水合物温压相平衡边界所限定的区域为水合物的热力学稳定区(图 5-9 中灰色区域),即天然气水合物稳定带。地

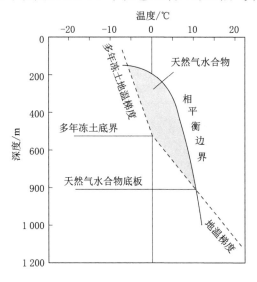

图 5-9　多年冻土区天然气水合物稳定带模式图

温梯度与相平衡边界的上交点为稳定带顶界,下交点为稳定带底界,两交点之间的稳定带为理论上的天然气水合物形成区间。

二、天然气水合物稳定带的影响因素

根据天然气水合物稳定带形成条件分析,地温梯度和水合物的气体成分是决定稳定带的两大关键因素,冻土层厚度和年平均地表地温次之。

多年冻土区地温梯度越小,多年冻土厚度越大,温度和压力条件就越有利于形成天然气水合物,其稳定带厚度也越大。一旦多年冻土发生退化,多年冻土底板变浅,多年冻土减薄,温度升高可能导致天然气水合物分解。控制多年冻土区天然气水合物形成的主要因素为多年冻土地温梯度和年平均地表地温以及多年冻土层下融土的地温梯度,前二者控制多年冻土厚度,后者控制天然气水合物的底板深度[110]。

利用 Sloan 的 CSMHYD 程序研究了天然气水合物相平衡曲线随着外界条件变化的情况。地温梯度、水深、温度、气体组成和孔隙水盐度对稳定带厚度的影响不同,其中稳定带厚度与地温梯度呈指数相关关系,与深度呈对数相关关系,与水合物中甲烷含量及气体组成呈线性相关关系[131-132]。

研究结果表明:天然气水合物的相平衡曲线在气体组分发生变化时会发生迁移(图 5-10)。当天然气水合物中甲烷的含量为 100% 的时候,其形成天然气水合物的温压条件最为苛刻。相平衡曲线偏移会随着重烃气体的加入向右偏

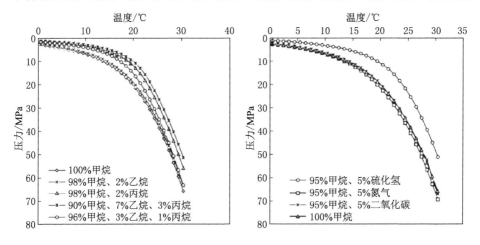

图 5-10　不同气体组分对天然气水合物相平衡曲线的影响

移,重烃气体的百分含量越高,曲线右偏移越明显,使得形成天然气水合物的温压条件更为宽泛。当有非烃气体(SO_2、CO_2、N_2)混入时,SO_2、CO_2对于曲线偏移方向的影响同重烃气体是一致的,但是氮气的影响是反向的[131]。

三、木里煤田天然气水合物稳定带计算参数

1. 气体组分

根据木里煤田 DK-1 和 DK-2 井采集到的天然气水合物实物样品有限的测试数据显示(表 5-14),该区天然气水合物具有甲烷含量偏低、重烃含量偏高、气体组分复杂等特点[10-11]。这一特征有利于天然气水合物的形成。

表 5-14 木里煤田天然气水合物实物样品气体组分值

样品	天然气水合物气体组分/%									
	CH_4	C_2H_6	C_3H_8	i-C_4	n-C_4	i-C_5	n-C_5	C_{6+}	CO_2	N_2
DK-1	60.65	8.39	13.03	1.44	4.12	0.48	0.68	3.3	7.91	\
DK-2	63.974	10.081	11.942	1.124	2.376	1.013	0.657	\	3.673	5.16

2. 相平衡温压条件

根据天然气水合物实物样品气体组分值(表 5-14),利用 Sloan 的 CSMHYD 程序,计算得到形成天然气水合物的温压条件(表 5-15),据此数据可编制相平衡曲线。经比较,两个科探井天然气水合物气体组分的相平衡温压条件差别不大。

表 5-15 不同气体组分的天然气水合物形成的温压条件

气体组分	温度/℃								
	$p=0$ MPa	$p=4$ MPa	$p=8$ MPa	$p=12$ MPa	$p=16$ MPa	$p=20$ MPa	$p=24$ MPa	$p=28$ MPa	$p=30$ MPa
DK-1 气体组分情况	0.44	0.77	1.32	2.29	4.12	8.22	19.43	36.58	46.81
DK-2 气体组分情况	0.46	0.79	1.31	2.2	3.81	7.25	16.87	32.69	—

3. 压力-深度换算

仅考虑围压条件下,冻土层及其下沉积层压力与深度关系分别依静岩压力

(P_f)和静水压力(P_s)计算[18]：

$$P_f = P_o + \rho_f g h_f \times 10^{-6} \qquad (5\text{-}1)$$

$$P_s = P_f + \rho_s g h_s \times 10^{-6} \qquad (5\text{-}2)$$

式中，P_o为地表大气压力，取 0.1 MPa；g 为重力加速度常数，取 9.81 m/s²；ρ_f 为冻土层密度，实验测定冻土密度为 1 500～2 000 kg/m³；计算时取 1 750 kg/m³；ρ_s 为冻土层之下孔隙流体密度，取 1 000 kg/m³；h_f 为冻土层内深度；h_s 为冻土层底界向下深度，m。

4. 地温梯度

冻土层内和冻土层之下的温度与深度关系可表示为[16]：

$$t_f = t_o + G_f h_f \qquad (5\text{-}3)$$

$$t_s = t_f + G_s h_s \qquad (5\text{-}4)$$

式中，t_f 为冻土层内深度 h_f 处的温度；t_o 为地表温度；G_f 为冻土层地温梯度，℃/m；t_s 为冻土层之下深度为 h_s 处的温度；G_s 为冻土层之下的地温梯度；h_s 为冻土层底界向下的深度，m。

青藏高原多年冻土层厚度为 10～175 m，冻土层下地温梯度为 2.8～5.1 ℃/100 m[19]。木里煤田缺乏稳态测温数据，采用煤田勘查钻孔的简易测温数据，利用 $T_{实际} = T_{测}(1+\delta)$ 公式进行校正，其中 δ 是温度校正增量，由区域内进行的近似稳态测温的钻孔获得，$\delta = 1/T_{测}$。校正后得到近似稳态测温数据，代入式(5-3)、式(5-4)，求得地温梯度(表 5-16)，其中，地温 0 ℃ 所对应的深度为冻土层底界深度[133]。

表 5-16　木里煤田地温梯度和冻土层底界埋深统计数据

	最大值	最小值	平均值
冻土带下地温梯度/(℃/100 m)	6.2	0.8	2.6
冻土层底界埋深/m	228	20	80.8

5. 稳定带计算

利用相关参数计算公式，按照木里地区天然气水合物实测的组分数据，利用 Microsoft Visual C++ 对该地区天然气水合物的底界埋深进行了程序模拟计算。即输入各钻孔地温梯度、冻土层底界等基础数据，就可得到以 DK-1 和 DK-2 天然气水合物组分为基础的各钻孔内水合物稳定带厚度和底界埋深等参数。

四、木里煤田天然气水合物稳定带的确定

首次钻获天然气水合物实物样品的科学试验孔 DK-1 位于木里煤田三露天勘查区,海拔标高 4 062 m。根据三露天详查资料,该矿区地表年平均温度为－2.6 ℃,冻土层底界约为 115 m。根据测温数据计算,该孔冻土层下地温梯度平均值为 2.586 ℃/100 m,根据该钻孔天然气水合物实物样品气体组分和实测地温等参数,通过温压相平衡和底界埋深程序计算形成天然气水合物的温压条件,绘制出 DK-1 孔天然气水合物稳定带分布图(图 5-11)。由于该钻孔的地表温度未知,简易测温装置无法获取零摄氏度以下温度读数,温度读数最低只能显示 0 ℃,所以无法读取冻土带内地温梯度数值,用实测的 0 ℃ 在图上显示。DK-1 孔稳定带相平衡边界曲线和 0 ℃ 垂直测温线的交线即是稳定带顶界,埋深 20 m;稳定带相平衡边界曲线和冻土带下地温梯度线的交线即是稳定带底界,埋深 925 m,稳定带厚度达到 905 m。目前钻获天然气水合物实物的层位仅位于稳定带顶部(图 5-11 中粗黑线所示)[133]。

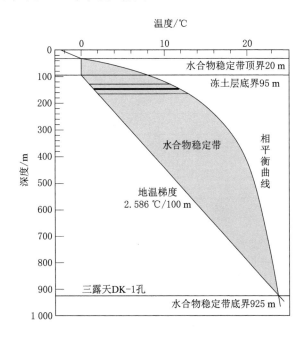

图 5-11　DK-1 孔天然物水合物稳定带范围

根据各钻孔实测地温数据校正得到的地温梯度、冻土层底界深度等基础

数据，计算获得各钻孔以 DK-1、DK-2 水合物组分值为基础的稳定带参数（表 5-17）。

表 5-17　木里煤田各钻孔地温梯度和水合物稳定带底界埋深统计表

	钻孔号	增温带地温梯度 /(℃/100m)	冻土层底界埋深 /m	底界埋深 1/m（按照 DK-1 水合物组分计算获得）	底界埋深 2/m（按照 DK-2 水合物组分计算获得）
一井田	0-41	1.54	20	1 491	1 549
	2-42	1.55	30	1 494	1 551
	2-43	2.95	71	742	770
	3-44	4	60	504	525
	4-46	2.9	52	728	758
	水 5-47	2.34	50	937	973
三井田	23-33	2.39	70	943	977
	25-18	2.72	68	810	841
	27-20	2.15	68	1060	1 098
	27-22	2.65	60	823	855
	27-23	2.875	60	748	777
	30-27	3.08	68	702	729
	32-29	2.64	67	837	869
	32-30	2.16	50	1 029	1 068
	32-31	2.33	60	956	992
	浅 25-3	1.82	30	1 229	1 276
	浅 25-13	2	40	1 112	1 154
	浅 27-5	4.05	50	480	500
	浅 31-10	2.57	50	838	872
	浅 32-11	1.375	80	1 804	1 871
	水 28-24	2.97	50	705	733
	水 28-25	2.61	50	823	856
四井田	0-1	3.04	48	681	710
	0-2	3.87	45	500	521
	0-4	5.03	114	468	483

表 5-17(续)

钻孔号		增温带地温梯度 /(℃/100m)	冻土层底界埋深 /m	底界埋深 1/m（按照 DK-1 水合物组分计算获得）	底界埋深 2/m（按照 DK-2 水合物组分计算获得）
四井田	1-1	4.39	123	547	566
	3-1	2.1	51	1 065	1 105
	3-3	3.35	60	624	649
	4-3	3.185	160	804	829
	5-1	3.31	83	668	693
	5-2	2.56	53	847	880
	6-1	1.2	114	2 178	2 257
	6-2	2.7	125	897	927
	6-4	4.23	101	536	554
	7-3	0.8	97	3 580	3 720
	7-7	2.62	110	904	936
	8-2	2.69	150	933	963
	12-1	4.37	92	504	522
	12-2	2.88	65	754	783
	12-3	2.64	28	779	811
三露天	DK-1	2.586	115	925	955
	0-22	1.25	60	1 994	2 070
	2-18	1.42	70	1 722	1 786
	2-19	1.87	100	1 287	1 233
	2-20	2	100	1 194	1 236
	2-21	1.93	35	1 153	1 196
	2-29	1.58	50	1 488	1 544
	4-24	1.59	50	1 476	1 532
	4-25	1.65	30	1 384	1 437
	4-26	2.04	50	1 100	1 141
	6-33	1.75	20	1 274	1 324
	8-36	2.11	40	1 044	1 084
哆嗦公马	0-1	2.34	125	1 040	1 075
	0-3	3.89	62	525	546

表 5-17(续)

钻孔号		增温带地温梯度 /(℃/100m)	冻土层底界 埋深 /m	底界埋深 1/m (按照 DK-1 水合 物组分计算获得)	底界埋深 2/m (按照 DK-2 水合 物组分计算获得)
哆嗦 公马	0-5	2.14	138	1 160	1 198
	3-1	2.44	110	976	1 009
	3-3	2.77	95	832	862
	3-4	1.3	105	1 966	2 038
	4-1	2.96	110	795	823
	7-2	2.65	40	794	826
	7-3	6.2	138	420	432
	7-6	2.04	105	1 175	1 216
	8-1	2.9	228	967	994
	8-3	2.98	41	687	716
	8-4	2.9	12	664	695
	12-1	3.71	85	591	613
	12-2	1.5	70	1 612	1 673
	15-5	2.96	43	696	725
	24-1	1.51	132	1 688	1 748
	24-2	1.93	92	1 231	1 276
	0-3	1.73	110	1 419	1 469
雪霍立	0-5	1.87	45	1 210	1 256
	0-6	2.58	95	899	931
	1-3	2.79	107	842	871
	1-4	2.36	40	913	950
	2-2	2.02	63	1 131	1 172
	2-3	2.85	134	860	889
	2-4	2.3	112	1 041	1 077
	2-5	1.23	105	2 100	2 179
	2-6	2.72	106	864	894
	6-1	2.8	85	808	838
	8-2	2.02	136	1 230	1 272
	10-1	1.85	136	1 352	1 398

表 5-17(续)

钻孔号		增温带地温梯度 /(℃/100m)	冻土层底界埋深 /m	底界埋深 1/m （按照 DK-1 水合物组分计算获得）	底界埋深 2/m （按照 DK-2 水合物组分计算获得）
雪霍立	11-1	2.5	85	916	950
	16-3	0.914	74	2 980	3 097
	18-1	1.97	198	1 346	1 389
	XHL2-5	1.23	102	2 096	2 174
平均值		2.6	80.8	1 032	1 070

通过统计,木里地区冻土层下的最大地温梯度为 6.2 ℃/100 m,最小地温梯度为 0.8 ℃/100 m,与 DK-1、DK-2 水合物组分值结合得到木里地区天然气水合物稳定带范围在 300～3 500 m 之间,且大部分钻孔内天然气水合物可能赋存的范围均在 500～2 000 m 之间[133]。据此,建立了木里煤田多年冻土区天然气水合物稳定带的概念模式(图 5-12)。

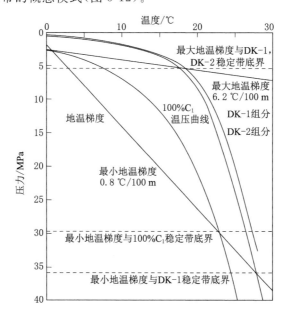

图 5-12　木里煤田天然气水合物稳定带范围模式图

频数统计显示(图 5-13),天然气水合物稳定带底界深度集中于 750～1 500 m 区间。由于天然气水合物只能发育在多年冻土层内以及其下,目前发现的天然气水合物实物样品均位于多年冻土层以下[2-4],该区冻土层底界埋深平均值为80.8 m(表5-17),大体对应天然气水合物赋存的上限,因此,木里煤田天然气水合物稳定带的厚度达1 000 m左右。目前仅在133.5～165.5 m深度的地层中获得天然气水合物实物样品,从天然气水合物温压稳定条件角度分析,该区尚有很大的找矿空间。

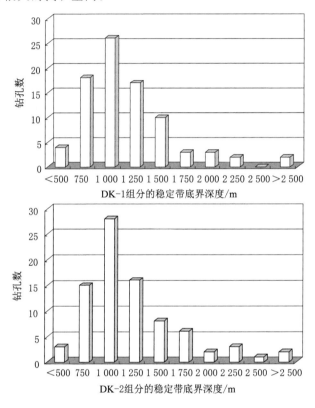

图5-13 木里煤田天然气水合物稳定带底界深度频率直方图

五、木里煤田天然气水合物稳定带平面分布情况

根据85个钻孔计算数据,编制了木里煤田天然气水合物稳定带底界埋深等值线图,由于稳定带顶界埋深大多数小于100 m,稳定带底界埋深可近似等同于稳定带厚度。因此,稳定带底界埋深越大,表明垂向上可供天然气水合物发育的范围越大,成藏的可能性就越大。在雪霍立矿区的中东部、哆嗦公马矿区的中部以及聚乎更矿区的南部区域,稳定带底界埋深的等值线均大于1 500 m,

在相对集中的范围内为天然气水合物的发育提供了良好的条件。另外结合该研究区测井解释疑似天然气水合物层的成果,哆嗦公马矿区的中东部,在疑似天然气水合物单孔累计厚度分布图上,累计厚度达到了 15 m 以上,可能勘探成功率会提高;雪霍立矿区的东部,在疑似天然气水合物单孔最浅埋深分布图上显示最浅埋深值均在小于 200 m 的范围内,大大地降低了钻探难度和开采资金投入,均可作为木里地区天然气水合物勘探靶区优选的重要参考区域[133]。

第五节 天然气水合物储集层的测井解释

由于海底模拟反射层(BSR)技术在冻土区的不可操作以及钻孔取心的造价高昂、不可大范围实施,采用非直接取样的手段对水合物进行研究是一条可行的途径[134]。国内外对海域和极地天然气水合物的勘探和研究经验表明,测井曲线解释是识别天然气水合物的一项有效的方法,其理论依据在于含天然气水合物的岩层与围岩之间的物性差异及由此产生的地球物理响应特征差异[61,135-138]。

木里地区几十年来开展了大量煤田地质勘查的工作,积累了大量的煤田钻探、测井资料,其中有的钻孔在施工的过程中就出现了大量涌气的现象,这些记录为本次研究提供了宝贵的基础资料。木里地区采获天然气水合物实物样品的 DK-1 科探井测井曲线解释初步显示了利用测井资料识别天然气水合物的可能性。但是由于煤田测井方法,主要是针对常规煤层地球物理特性而选择的一些测井方式,对于天然气水合物层的识别,不具有针对性,所以利用煤田测井方法解释天然气水合物层位需要综合各方面的资料,全面分析判断[135]。

木里煤田位于中纬度高山岛状冻土带,呈侵染状分布于煤系地层中,其分布特征明显不同于海域和极地冻土区,木里煤田天然气水合物的复杂性就决定了其地球物理响应特征是叠加于其储集层正常岩性地球物理特性之上的,需要在充分考虑背景值的前提下加以识别,因此,木里煤田天然气水合物的测井曲线识别不能简单套用国内外已有的方法,必须从特定条件分析入手,在理论基础、数据处理和综合解释方法等方面开展深入研究工作[139]。

一、天然气水合物储集层地球物理特征

青海煤炭地质勘查院采用煤田测井方法对木里煤田冻土(岩)开展了研究[112]。该区测井地质条件良好,各种测井参数曲线上均有良好的响应(表5-18)。

表 5-18　冻土层与非冻土层物性对比数据

孔号	孔深/m	岩性	多年冻土段			非冻土段		
			电阻率/(Ω·m)	密度/(g/cm³)	自然伽马(API)	电阻率/(Ω·m)	密度/(g/cm³)	自然伽马(API)
0-4	714.80	粉砂岩	504	2.45	144	78	2.55	141
12-2	708.56	细砂岩	375	2.57	94	237	2.67	94
6-4	510.80	粗砂岩	800	2.50	55	250	2.65	50
6-4		泥岩	100	2.55	165	60	2.65	162
5-1	225.00	粗砂岩	500	2.43	40	190	2.43	38
平均			455.8	2.50	99.6	163	2.59	97

　　天然气水合物与自然冰的化学成分、晶格结构是有很大区别的,而且陆域天然气水合物与海域天然气水合物也有差别,至少在天然气水合物的含量也即富集程度上有较大差别,本次研究的目的层是陆域天然气水合物,具体的也就是与煤共生的煤源型天然气水合物,通过对比、分析、发现可知,它在煤系地层中独立富集成层的少,充填、附着、浸染的较多,所以它的各种物理性质与其母岩体的岩性、结构、密度、孔隙度、裂隙发育程度和天然气水合物密度、含量等密切有关,因而它的各种物性变化范围也较大[140-141]。

　　从理论上讲,它的物性特征介于纯冰与冻土(岩)之间,纯天然气水合物或富含天然气水合物的储集层物性在煤测井常规参数中应具高电阻率、低自然伽马、低密度和高纵波速度的特征。由于受母岩体多种因素的影响,天然气水合物储集层物性特征与上述理论推理模式有一些变化。根据国内外有关海底天然气水合物实测物性数据和理论分析[142],结合木里煤田科学钻探试验孔 DK-1 实测多种物性参数以及多个溢气探煤孔钻井测井资料的综合分析,天然气水合物储集层或似天然气水合物储集层在主要煤田测井参数曲线上的特征反映如下。

　　1. 电阻率参数

　　电阻率参数是解释天然气水合物储集层的核心参数之一。含天然气水合物的岩层段因含有烃类物质,与常规油气储集层中含有烃类物质的特征相似,主要区别是石油为液体,天然气为气体,天然气水合物为固体,不论什么结构含天然气水合物,该层段总体上应该显示为高电阻类岩层段。据研究区测井资料的统计,天然气水合物储集层在电阻率曲线上一般均显示较围岩相对高的电阻率,一般在 300～600 Ω·m 之间(煤层除外)(图 5-14),在煤系地层中属中-高电阻率(图 5-15)[143]。

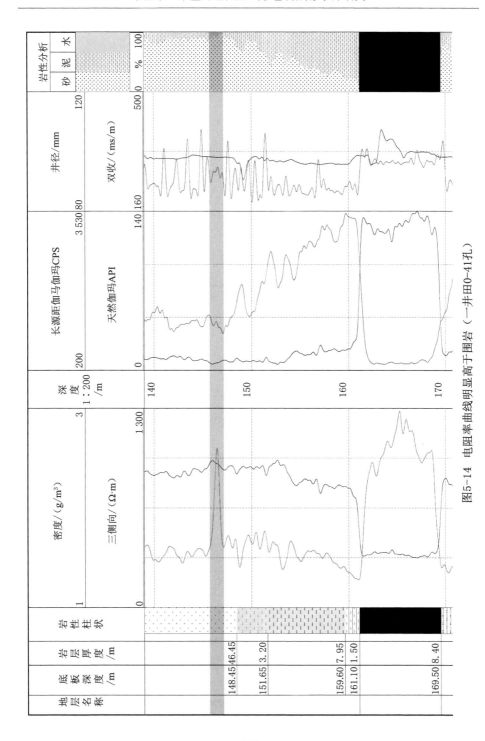

图5-14　电阻率曲线明显高于围岩（一井田0-41孔）

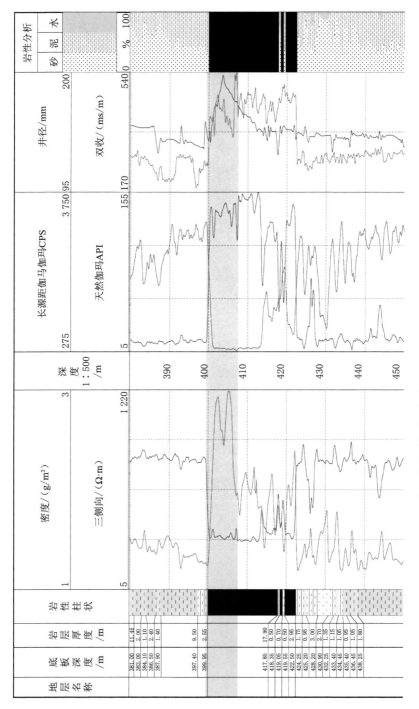

图5-15　电阻率曲线明显高于围岩指示疑似天然气水合物层（一井田4-46孔）

2. 自然伽马

天然气水合物储集层在自然伽马曲线上的反映随着其母岩体的变化而变化。从储集层岩性角度,其自然伽马值总体上按煤层型—砂岩层型—泥页岩层型呈现逐渐变大的趋势(图 5-16),这也说明天然气水合物地球物理特征是叠加于其富集岩性之上的,是叠加于背景值的异常显示[144-145]。该参数为解释天然气水合物储集层的核心参数之一。

3. 声波速度

声波速度参数是解释天然气水合物储集层的主参数之一。同含水粗粒砂岩或含游离气的层位相比,天然气水合物储集层声波速度为高值,随着储集层中天然气水合物含量的增大其声波速度变低,DK-1 孔实测天然气水合物层声波速度为中-高速度[143]。

4. 密度参数

密度参数是解释天然气水合物储集层的主参数之一。对研究区所有钻孔均进行了密度测井,通过密度参数的分析,天然气水合物储集层的密度同其岩性密度、孔隙度密切相关。当储集层孔隙度增大,其天然气水合物含量增高时,密度随之减小。本次解释的似天然气水合物砂岩储集层密度与同一钻孔相同岩性相比,密度较小(图 5-17)。

5. 井温参数

井温参数是划分与确定季节性冻土层与常年冻土层(岩)及增温带的主要参数(不同温度层之间界面清晰,容易判别),更是确定地层热流级别的主参数,是解释天然气水合物储集层的辅助参数[143]。

6. 井径参数

厚度比较大的天然气水合物层,应有井径扩大异常显示。这是由于钻具长时间旋转钻进过程中,井壁岩层与钻具摩擦生热及泥浆循环使天然气水合物层水合物融化分解,破坏原生态的稳定而引起井径扩大。该参数为解释天然气水合物储集层的辅助参数[143]。DK-1 孔含天然气水合物层段井径曲线没有明显变化。

7. 自然电位

自然电位是解释天然气水合物储集层的辅助参数。在自然电位曲线上,天然气水合物储集层与游离气(煤层气)层相比,负偏移幅度较低一些。

根据我们对 DK-1 及其他似天然气水合物储集层各测井参数反映的物理量的统计分析(表 5-19),电阻率在整个钻孔剖面上为相对高阻,与围岩可有效区

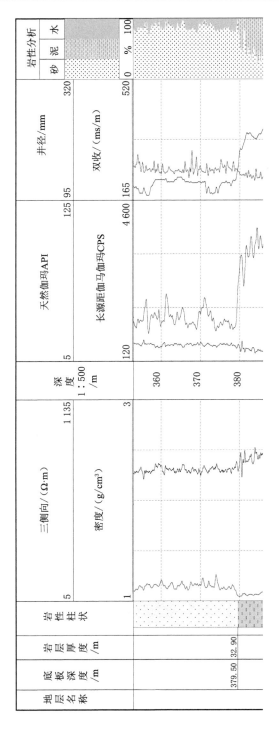

图5-16 自然伽马低值指示疑似天然气水合物层（四井田3-2孔）

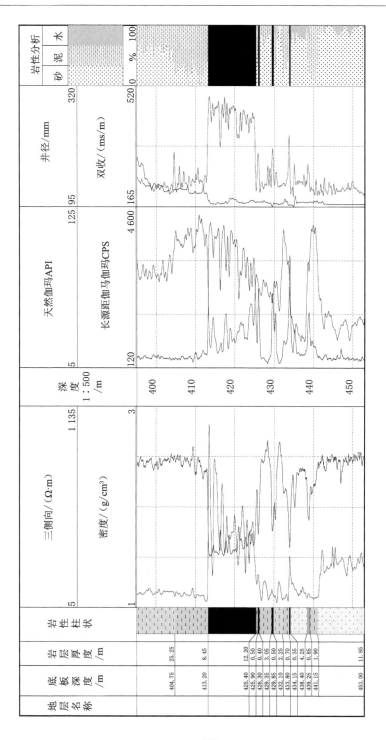

图5-17　密度曲线变小指示疑似天然气水合物层（三露天4-25孔）

分,与自然伽马配合能与同类粗砂岩相区别[143]。表 5-19 中统计不包括煤层自身存储天然气水合物电阻率。上述数值只用于天然气水合物定性解释时参考。

表 5-19　天然气水合物储集层物性特征表[143]

测井参数	物性数据	曲线特征
电阻率/(Ω·m)	300~600	中~高阻
纵波速度/(m/s)	2 800~4 000	中~高速度
自然伽马(API)	90~130	中~低伽马
密度/(g/m³)	2.0~2.3	中~低密度

二、天然气水合物测井解释结果分析

(一)疑似天然气水合物单孔测井解释情况

共收集木里煤田范围内 62 个钻孔的测井曲线进行了系统分析和解释,发现疑似天然气水合物的钻孔共有 28 个,其中共发现了 61 个疑似天然气水合物层;疑似天然气水合物的层段(表 5-20),大部分分布在木里组或江仓组的含煤地层。在各个井田范围内,在钻孔深度范围内,均有疑似天然气水合物的情况存在。

表 5-20　天然气水合物储集层物性特征表

井田	序号	孔号	层数	起始深度/m	终止深度/m	厚度/m	储层岩性	成果来源
一井田	1	0-41	1	146	147	1	粗砂岩	
			2	184	187	3	细砂岩	
	2	2-42	1	70.15	73.25	3.1	粗砂岩	
			2	90.65	93.7	3.05	粗砂岩	
			3	108.5	109.4	0.9	粗砂岩	
	3	3-44	1	70.75	79.55	8.8	粗砂岩	
			2	112.7	113.95	1.25	粗砂岩	
			3	150.25	156.6	6.35	煤	
			4	233.6	236.6	3	煤	
			5	257.5	260	2.5	粉砂岩	
			6	278.55	279.55	1	细砂岩	
			7	288	290	1	粉砂岩	
			8	307.4	308.95	1.55	粗砂岩	
	4	4-46	1	400	408	8	煤	

表 5-20(续)

井田	序号	孔号	层数	起始深度/m	终止深度/m	厚度/m	储层岩性	成果来源
	5	10-48	1	145.05	146.4	1.35	粗砂岩	
	6	*4-31	1	254.4	256.2	1.8	不详	
			2	316.6	318.5	2.5	不详	
	7	27-20	1	85.75	88	2.25	煤	
	8	27-21	1	182.5	195.65	13.15	煤	
	9	27-23	1	47.5	49	1.5	细砂岩	
三井田	10	30-27	1	175.85	177.8	1.95	细砂岩	
			2	207	210	3	粉砂岩	
			3	212.1	214	1.9	细砂岩	
			4	215	218	3	粉砂岩	
			5	345.45	355	10	煤	
			6	384	388	4	煤	
	11	30-检2	1	80.4	87	6.6	煤	
	12	32-31	1	239.05	240.75	1.7	粗砂岩	
	13	浅25-3	1	65	68	3	细砂岩	
			2	97	97.7	0.7	细砂岩	
			3	98.55	100	1.5	中砂岩	
	14	浅27-5	1	96.65	98.65	2	细砂岩	
	15	水28-24	1	211.75	213.75	1.5	粉砂岩	
四井田	16	3-2	1	368.6	369.9	1.3	细砂岩	
			2	376	376.8	0.8	泥质粉砂岩	
			3	397	398	1	细砂岩	
			4	404.45	405.3	0.85	细砂岩	
	17	4-1	1	57	60	3	细砂岩	
			2	161.9	163.3	1.4	中砂岩	
	18	8-1	1	62	63.5	1.5	中砂岩	
			2	205.8	206.85	0.75	细砂岩	
			3	211.3	214.25	2.95	细砂岩	
	19	12-1	1	272.8	273.4	0.6	含砾粗砂岩	
			2	275	275.5	0.5	粗砂岩	
			3	307	308	1	细砂岩	

表 5-20(续)

井田	序号	孔号	层数	起始深度/m	终止深度/m	厚度/m	储层岩性	成果来源
四井田	19	12-1	4	359.15	360.4	1.25	粗砂岩	
	20	* 5-2	1	132.0	133.8	1.8	砂岩	
			2	202.6	204.15	1.55	砂岩	
	21	* 7-5	1	285.7	286.9	1.2	粉砂岩	
			2	313.4	314.55	1.15	砂岩	
二三露天	22	2-20	1	434	452	18	粗砂岩	
	23	4-25	1	413.2	416.5	3.5	煤	
	24	6-33	1	169.95	173.15	3.2	煤	
	25	0-22	1	71.9	90	8	煤	
	26	2-19	1	141.35	144.6	3.25	粗砂岩	
	27	DK-1	1	133.8	135	1.2	中砂岩	
			2	142.4	145	2.6	细砂岩	
			3	148.4	149.4	1	粉砂质泥岩	
	28	* 12-42	1	199.9	200.6	0.7	不详	
			2	231.65	232.65	1	不详	
	29	* 7-10	1	230.0	231.7	1.7	不详	
			2	357.2	358.3	1.1	不详	
哆嗦公马	30	24-1	1	286.9	287.85	0.95	砾岩	
	31	3-4	1	42.41	47.84	4.43	煤	
			2	126.66	121.66	5	煤	
	32	* 1-3	1	74.5	76.0	1.5	粗砂岩	
	33	* 0-3	1	134.75	140.75	6	细砂岩	
			2	200.0	209.0	9	细砂岩	
	34	* 4-1	1	196.51	219.14	22.63	煤	
雪霍立	35	1-3	1	74.5	76	1.5	细砂岩	
			2	111	112	2	细砂岩	
	36	0-3	1	134.75	140.75	6	粉砂岩	
			2	200	209	9	细砂岩	
			3	307.4	313.2	5.8	粉砂岩	
总计	36个		共74层					

（二）疑似天然气水合物所在储集层岩性统计

砂岩（包括含砾粗砂岩、粗砂岩、中砂岩、细砂岩、粉砂岩）、泥岩（包括粉砂质泥岩、暗色泥岩）和煤层均可以作为天然气水合物赋存的空间。在岩性已知的 68 个疑似天然气水合物层中，砂岩储集层（甚至有个别是砾岩）的个数最多，达到了 44 个，占总层数的 63.77%；而泥岩、泥质粉砂岩等岩性较细的储集层，只有 10 个，只占总层数的 14.49%，而煤层，本身可以作为气源层，也对富集储集气体起到了较为重要的作用，形成了自生自储型储集层（图 5-18）。所以在今后的勘探实践中，在较粗粒的岩石，包括砂岩、砾岩等，以及煤层，尤其是厚度较大的煤层中，要特别注意观察有无气体涌出等可以指示天然气水合物存在的特殊现象出现[144-145]。

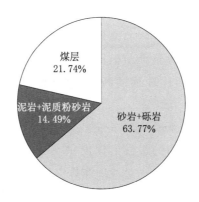

图 5-18　疑似天然气水合物赋存岩性占比图

（三）疑似天然气水合物累计厚度分布

在不同的钻孔中，分别出现一层或多层疑似天然气水合物的情况。经过统计，采用单孔累计厚度参数（表 5-21）。统计结果表明，单孔累计厚度，最小值为 0.7 m，最大值为 24.65 m[144-145]。分别选取 1 m、5 m、10 m、15 m 和 20 m 为等值线数值，编制测井曲线解释疑似天然气水合物单孔累计厚度平面分布图。

测井曲线解释疑似天然气水合物单孔累计厚度值最大的位置有三处，分别分布在一井田的中西部、三井田的西南边界以及雪霍立矿区的中西部；另外，在累计厚度值次大值区域有两处，分别位于三井田中南部和哆嗦公马矿区中部。由图 5-19 显示，DK-1 孔位于二、三露天井田的西北部，测井曲线解释的该区域疑似天然气水合物的单孔累计厚度较薄，并且实际钻探结果和测井解释的结果是一致的，钻遇的三层天然气水合物，均是薄层、浸染状产出的[144-145]。

表 5-21　木里煤田各井田测井解释疑似天然气水合物单孔累计厚度统计表

矿区域井田名称		最大值/m	最小值/m
聚乎更矿区	一井田	24.65	1.35
	二井田	0	0
	三井田	23.85	1.5
	四井田	5.2	3.35
	二、三露天	21.5	0.7
哆嗦公马矿区		22.63	0.95
雪霍立矿区		20.8	3.5
合计		24.65	0.7

断裂构造对于天然气水合物的聚集有一定的控制作用,但断裂构造发育密度最大的区域与累计厚度最大值的区域并不完全重合。在各井田边界,发育各种性质的走向上延伸比较远的断层,这些断层可能为气体运移提供了通道。

(四) 疑似天然气水合物最浅埋深分布

产出疑似天然气水合物的最浅的深度是不一致的,在不同的位置差异较大。最浅埋深最浅值为 42.41 m,最浅埋深最深值为 400 m(表 5-22)[144-145]。

表 5-22　木里煤田各井田测井疑似天然气水合物最浅埋深统计表

井田名称		最深值/m	最浅值/m
聚乎更矿区	一井田	400	70.15
	二井田	0	0
	三井田	239.05	47.5
	四井田	368.6	57
	二三露天	434	71.9
哆嗦公马		286.9	42.41
雪霍立		307.4	74.5
合计		400	42.41

分别选取 100 m、200 m、300 m 和 400 m 为等值线数值,编制测井曲线解释疑似天然气水合物单孔最浅埋深平面分布图(图 5-19)。图中,最浅埋深值浅于

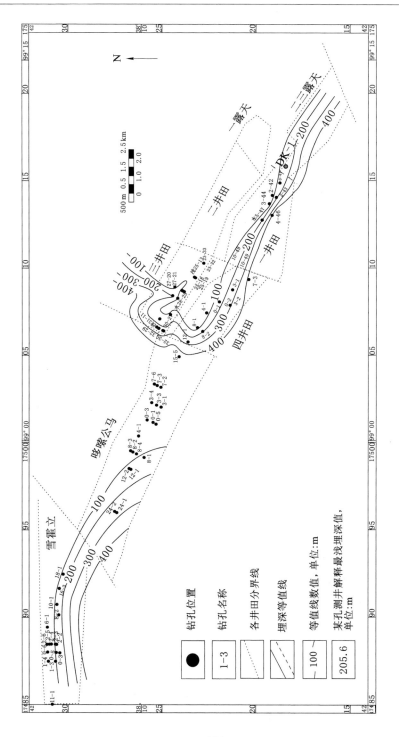

图5-19 木里煤田测井解释疑似天然气水合物最浅埋深平面分布图

200 m 范围内的单孔,占到了发现疑似天然气水合物单孔总数的 74%。结合之前天然气水合物赋存的稳定带以及冻土层等相关情况,在冻土层中和冻土带下均有疑似天然气水合物产出[129]。

第六节　木里煤田天然气水合物成藏模式

现今,有关天然气水合物形成模式和成藏机理的研究工作比较少见,基于天然气水合物温压条件、气源和储层等方面的研究工作,初步提出木里地区天然气水合物的成藏机理。

除了烃类气体的供应条件外[119],从动态过程来考虑,控制天然气水合物的形成还涉及其他一些因素,如烃类气体到达天然气水合物稳定带的途径(原地供给或扩散或对流运移)[146]。通过构造断裂等将天然气水合物运移至水合物储集层(砂岩、泥岩层)内,根据前文对天然气水合物储层特征的探讨,可以认为以砂岩为代表的储层可以为天然气水合物的赋存提供有力的场所,再加上储集层内广泛发育的裂隙、孔隙等也为天然气水合物的成藏提供了优越的赋存位置[147]。

断裂系统在木里煤田内广泛发育。断层是木里煤田天然气水合物运移的主要通道;其次,研究区砂岩、泥岩、油页岩中裂隙发育,也为气体的扩散作用提供了可能[148]。所以,本书通过对稳定带的、气源、储层特征和断层的疏导作用的研究,初步提出木里煤田天然气水合物的成藏模式(图 5-20)[149]。

这一成藏模式表示:木里煤田高山冻土环境的地温梯度提供了有利的天然气水合物稳定带所需的温压条件(稳定带范围广)。在稳定带范围内,砂岩、泥岩和油页岩为天然气水合物赋存提供了有利的储层条件。冻土带以下的煤层所形成的煤层气是形成天然气水合物的主力气源。油页岩和泥岩中的烃类通过扩散方式也成为天然气水合物气源的供应者。断层的疏导作用是形成天然气水合物的不可替代的桥梁,它沟通了气源层与储集层,是气体迁移的主要通道,对天然气水合物的形成起了主导作用[104]。

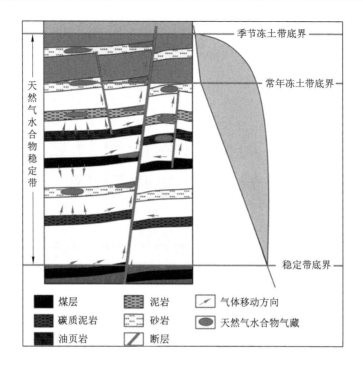

图 5-20　木里煤田天然气水合物成藏模式图

第六章 乌丽地区煤系页岩气和天然气水合物研究

青海省西南部乌丽地区位于青藏高原腹地唐古拉山北缘,属唐古拉山赋煤带。上二叠统那益雄组含煤岩系具有地层厚度巨大、有机质含量高、演化程度高、干酪根类型以Ⅱ$_2$和Ⅲ型为主、构造作用强烈等特点,预测煤系页岩气和特殊固态的天然气水合物等非常规能源在本区域内发育。

第一节 乌丽地区煤系页岩气形成条件分析

在近几年的勘探实践中,主要将乌丽地区的煤炭资源作为勘探工作的重点。在工作区范围内,溪流中存在不断喷气的泉眼,源源不断地向外冒着气泡(图 6-1)。煤炭钻孔钻进的过程中,整个地区范围内的钻孔均存在岩心冒气泡、泥浆池冒气泡等现象,气量特别大的钻孔甚至出现井涌、井喷的情况(图 6-2)。在该区域内,煤系地层内蕴含了大量的气体,这些气体主要来源于煤系地层的演化过程。

图 6-1 乌丽地区泉眼冒气情况

图 6-2　乌丽地区钻探孔井喷情况

一、泥页岩发育情况

乌丽地区沉积了厚度巨大的上二叠统那益雄组含煤岩系地层,泥岩、粉砂岩以及粉砂质泥岩等粒度较细的岩石的单层厚度很大(表 6-1),并且累计厚度百分比可达 31.8%(图 6-3),在剔除灰岩和硅质岩的厚度以后,厚度百分比达到42%。细粒岩石在含煤岩系中的发育为页岩气的形成提供了有利的先决条件[88]。

表 6-1　乌丽地区钻孔最大单层厚度统计表

序号	钻孔名	岩性	最大单层厚度/m	备注
1	ZK1	灰黑色粉砂岩质泥岩	49.8	
2	ZK0-3	灰黑色粉砂岩	30.65	
3	ZK0-6	灰黑色泥质粉砂岩	177.4	
4	ZK7-3	深灰色泥质粉砂岩	34.15	
5	ZK8-2	灰色粉砂岩	84.7	
6	ZK16-2	深灰色粉砂岩	60	

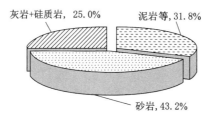

图 6-3　乌丽地区不同岩性厚度百分比图

二、构造分析

乌丽地区位于青藏高原腹地、唐古拉山北坡,在大地构造位置上处于东昆仑中缝合带之南,红其拉甫-双湖-昌宁缝合带之北古特提斯缝合系中部。在晚三叠世完成了东昆仑陆块与羌塘陆块拼合之后,在中、新特提斯洋的开启及向北俯冲、印度洋的打开与扩张、华北刚性陆块的阻抗、扬子刚性陆块的楔入等作用的共同影响下,包括该区在内的青藏高原成为一个长期的陆内汇聚活动区[88,150-151]。

构造作用对于乌丽地区的影响作用主要体现在两方面:一方面构造热作用以及该区域内强烈的挤压作用导致煤系地层的热演化程度加剧(表 6-2),达到了生气的高峰阶段,有利于烃源气体的生成;另一方面,通过构造作用的改造,煤系地层的孔渗条件(表 6-3)得到了改善,有利于页岩气的保存。

表 6-2　乌丽地区泥岩镜质体反射率数据表

序号	井号	深度/m	岩性	样品层位	测点数	标准偏差	R_o/%
1	ZK0-6	497.55	泥岩	P_3n	15	0.052	2.237
2	ZK0-6	501.85	泥岩	P_3n	10	0.025	2.355
3	ZK1	233.40	泥岩	P_3n	20	0.077	1.844
4	ZK1	235.70	泥岩	P_3n	17	0.084	1.996
5	ZK16-2	832.32	泥岩	P_3n	12	0.074	2.557
6	ZK16-2	893.48	泥岩	P_3n	18	0.062	2.638

表 6-3　乌丽地区岩石孔渗数据表

序号	井号	深度/m	岩性	样品层位	渗透率/($\times 10^{-3}$ μm^2)		孔隙度/%	岩石密度/(g/cm³)
					平行	说明		
1	ZK0-6	613.5	粉砂岩	P_3n	1.681 560 5	裂缝	6.75	2.4
2	ZK0-6	615.6	中砂岩	P_3n	2.253 617 5	裂缝	9.83	2.39
3	ZK1	85.70	砂岩	P_3n	0.296 189 2		7.91	2.38
4	ZK1	212.20	砂岩	P_3n	1.939 448 5	裂缝	7.47	2.39
5	ZK1	214.40	砂岩	P_3n	2.200 909 5	裂缝	7.89	2.4
6	ZK16-2	727.80	砂岩	P_3n	2.210 585 3	裂缝	8.25	2.39
平均值					1.763 718		8.02	2.39

三、沉积相分析

从乌丽群沉积特征分析,整个晚二叠世沉积盆地是由滨海三角洲向潟湖演化的正向层序,自下而上大致可划分成 5 个粒度-岩相旋回(图 6-4),旋回底部那益雄组岩石组合为砂岩、粉砂质黏土岩、页岩交互,夹灰岩和煤层,碎屑岩较发育,属滨海三角洲-扇三角洲沉积;旋回顶部泥质岩及碳酸盐岩则属前滨、远滨及浅海相沉积,灰岩以泥晶为主,含黏土质和粉砂,生物碎屑发育[85,88,152]。

科学钻探试验孔 ZK1 整体岩性与乌丽地区的地层具有一致性,在顶部 12.77 m 的表土层钻穿之后,便进入了上二叠统那益雄组的含煤岩系地层(图 6-5)。整体地层颜色偏灰黑色、深灰色、黑色,并且岩性相对较细,以泥质粉砂岩、粉砂质泥岩、粉砂岩等细碎屑岩性为主,夹有灰白色、厚度较小的细粒砂岩岩层。12.77~372.62 m 层段,厚层的潟湖相沉积与薄层的障壁岛沉积交替出现,反映了当时的海水深度较浅并且反复动荡的古地理特征;372.62~650 m 层段以障壁岛-潮坪-潟湖体系为特征,较浅部地层对应的古海水深度变深。总体上,晚二叠世时期,水退特征明显,沉积了一套进积型的沉积序列。这与区域上海退型滨海沉积生成煤系的大区域背景是相吻合的。238.7~259.6 m、271.9~273.1 m、277.4~292.9 m 层段出现了浅灰绿色硅灰岩,一套浅热变质岩石,以潟湖相的含硅质灰岩为母岩,经历了印支期的热液侵入作用而发生变质作用。598.8~600.4 m、607.3~616.8 m 层段是灰绿色的浅变质岩石,岩心侧面还可以看到粒径的显示,但是横截面岩石已经看不到粒径,完全变质为片状,在实验室给出结论之前,我们称之为硅质岩。硅质矿物的沉积是潟湖相沉积的产物,

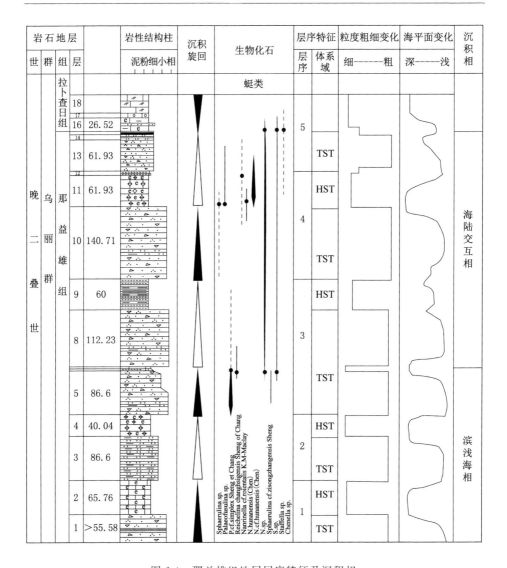

图 6-4　那益雄组地层层序特征及沉积相

所以这两段浅变质岩的母岩均是潟湖相沉积的岩石类型产物,在印支期热液侵入作用的影响下,发生了浅热变质作用,进而变为变质岩,并且较深段硅质岩的岩石变质程度较浅部的硅灰岩的变质程度要明显小,可能与不同位置裂隙发育程度有关,裂隙发育区域热液侵入更容易,受热液作用影响的程度也更大。

这种海陆过渡相沉积环境下的沉积物与深海相低能环境的厚层细粒沉积物相比,更具有优势性。首先,内碎屑含量更高,陆源机质含量更为充分;其次在泥岩层中还夹有煤层、碳质泥岩、暗色泥岩等岩层,气源更为保证;另外,泥岩中还发育泥质粉砂岩、粉砂质泥岩等岩层,较大的孔渗条件对于页岩气的保存有利。

图 6-5 乌丽地区那益雄组岩层以暗色为主

四、烃源岩分析

研究区内广泛分布那益雄组含煤岩系地层,并且整个岩层颜色以深灰色、灰黑色甚至黑色为主(图 6-2),说明有机质含量很高(表 6-4);干燥无灰基挥发分平均达到了 7.69%,属于无烟煤范畴(表 6-5);有机质成熟度较高,均处于成熟-过成熟阶段,达到了生气高峰,为煤系页岩气的形成提供了良好的气源保证。

表 6-4 乌丽地区烃源岩分析数据表

编号	井号	深度	TOC /%	S_0 /(mg/g)	S_1 /(mg/g)	S_2 /(mg/g)	T_{max} /℃	H/C	O/C
SY-05	ZK0-6	497.55	1.2	0.19	2.04	41.23	552	0.625	0.067
SY-06	ZK0-6	501.85	0.9	1.00	3.21	51.51	556	0.634	0.062
SY-11	ZK1	233.40	1.1	1.25	3.62	53.55	530	0.515	0.084
SY-12	ZK1	235.70	1	1.43	3.17	11.36	535	0.527	0.089
SY-01	ZK16-2	832.32	2.6	0.78	1.60	23.14	629	0.484	0.043
SY-02	ZK16-2	893.48	3	0.55	1.61	26.01	638	0.428	0.045

表 6-5 各煤层挥发分数据统计表

煤层编号	煤 1		煤 2		煤 3		平均值
钻孔编号	ZK2	ZK4	ZK31	ZK5	ZK1	ZK3	
V_{daf}/%	6.13	10.10	10.45	7.97	4.53	6.96	7.69

五、储集层特征

1. 岩石孔渗条件

岩石孔隙是油气储存的主要空间,其孔隙度是评价储集层特征的关键参数。

如表 6-6 所示,乌丽地区页岩储集层孔隙度平均为 8.28%,渗透率在平行裂隙方向平均值也达到了 $1.83 \times 10^{-3} \mu m^2$,孔渗条件均比较好,既可以提供较大的储集空间,又具有较好的渗透条件,利于气体的流通,便于生产开发方案的实施。

表 6-6　乌丽地区储层物性数据表

深度/m	采样编号	岩性	样品层位	渗透率/($\times 10^{-3} \mu m^2$)		孔隙度 /%
				平行	说明	
613.5	CH-05	粉砂岩	那益雄组	1.681 560 5	裂缝	6.75
615.6	CH-06	中砂岩	那益雄组	2.253 617 5	裂缝	9.83
85.70	CH-03	砂岩	那益雄组	0.296 189 2		7.91
212.20	CH-04	砂岩	那益雄组	1.939 448 5	裂缝	7.47
214.40	CH-05	砂岩	那益雄组	2.200 909 5	裂缝	7.89
727.80	CH-01	砂岩	那益雄组	2.210 585 3	裂缝	8.25
平均值				1.833 704		8.275 7

页岩气储层中发育的孔隙类型包括:基质晶间孔、粒间孔、溶蚀孔以及有机质纳米孔等[150-151]。通过构造作用的改造,煤系地层的孔渗条件得到改善(图 6-6)。

2. 岩石裂隙发育

那益雄组煤系地层中裂缝发育,在岩心中能够观察到裂缝数量众多并聚集了一定数量天然气。裂隙发育的层段,裂隙密度达到 25 条/(10 cm 岩心),裂隙直径达 0.1~2 cm,裂隙大部分被方解石脉充填,少量被石英脉充填(图 6-6)。这些裂隙都可以作为气体储集的重要空间[153]。

3. 矿物组成

脆性矿物含量是页岩气勘探开发中的一个重要参数,其影响页岩基质孔隙度和微裂缝发育程度、含气性及压裂改造方式。石英或长石等脆性矿物富集,脆性矿物百分含量大于 30% 的页岩产生诱导裂缝的能力强,增产效果明显。乌

图 6-6 乌丽地区钻孔岩心裂隙发育

丽地区二叠纪物质沉积发生在距离物缘较远的区域,含煤岩系地层中石英的含量特别高,有利于压裂技术的实施。

乌丽一带那益雄组砂岩中杂基含量在 $1\%\sim3\%$ 之间。碎屑由长石($1\%\sim25\%$)、石英($39\%\sim80\%$)和岩屑($18\%\sim35\%$)组成,岩屑的矿物组成为硅质岩、黏土质板岩、千枚岩、片岩、灰岩和少量火山岩,在矿物成分分布三角图上落入再旋回造山带物源区,表明物质来源于大陆边缘(图 6-7)。

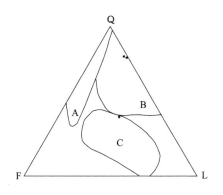

A—克拉通物源区;B—再旋回造山带物源区;C—岩浆弧物源区。

图 6-7 那益雄组砂岩碎屑矿物成分分布三角图

第二节 乌丽地区天然气水合物研究

一、乌丽地区天然气水合物的调查研究工作

中国地质调查局于 2002 年开始先后设立了四个调查研究项目,对青藏高原冻土区天然气水合物的形成条件和异常标志开展了探索性的调查研究。沿青藏公路沿线(西大滩～安多段)和羌塘盆地南缘地区采集了大量的地球化学样品进行现场气态测试(相当于酸解烃方法),发现了一些地球化学异常现象。经过相关研究工作,认为在多年冻土区的腹地有可能存在以甲烷、丙烷和二氧化碳为主的天然气水合物,初步认为青藏高原沱沱盆地(乌丽～开心岭)具备良好的天然气水合物成矿条件和找矿前景。

2009 年中国煤炭地质总局首次在陆域即青海省北部的祁连山南缘冻土区木里煤田钻获天然气水合物实物,为乌丽地区冻土区范围内开展天然气水合物勘探调查,甚至是钻获其实物都提供了可参考的实例范本,奠定了良好的基础。

2010 年青海煤炭地质勘查院在乌丽地区开展的青海省乌丽地区煤炭资源勘探项目,在施工的两个钻孔中,均存在异常高压气体。孔内气体井喷高度达 17 m,采用排水法收集,在西宁室内常温常压下能够点燃(图 6-8),从而显示该地区有丰富的气源。

图 6-8 乌丽地区钻孔采集气体室内点燃图

2012 年 2 月 22 日以青国土资矿〔2012〕28 号文件下发了青海省国土资源厅关于编报 2012 年度青海省地质勘查基金项目(第一批)设计通知,确立开展针对乌丽地区天然气水合物资源的"青海省治多县乌丽地区天然气水合物调查"项目的相关科研工作(图 6-9)。

图 6-9　乌丽地区科学钻探试验孔 ZK1 钻机场地

二、乌丽地区天然气水合物形成条件分析

(一) 充足的气源

乌丽地区研究区内广泛分布那益雄组含煤层系地层,经过这几年的煤炭普查工作,认为该地区具有丰富的煤炭资源,以无烟煤为主,具有很强的生气能力,是形成天然气水合物最主要的气源。另外,该地区含煤岩系内发育较好的暗色泥(灰)岩、粉砂质泥岩等烃源岩,烃源岩有机地球化学测试初步分析结果表明,上二叠统那益雄组有机质丰度较高,TOC 平均大于 1%,氯仿沥青"A"平均含量大于 0.15%,生烃潜量平均大于 20 mg/g,达到了好烃源岩的标准;干酪根元素分析、镜检测试结果显示那益雄组有机质类型主要为Ⅲ型干酪根(图 6-10),元素分析图上点出现异常,可能是由于成熟度过高而造成的,有利于生

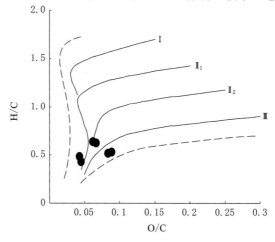

图 6-10　乌丽地区科学钻探试验孔 ZK1 H/C 与 O/C 关系分布图

气(图 6-11);镜质体反射率及热解 T_{max} 反映研究层段有机质热演化程度主要处于高成熟-过成熟阶段,到达生气高峰,可为天然气水合物的形成提供丰富的生烃潜力,提供了良好的气源保证[154]。

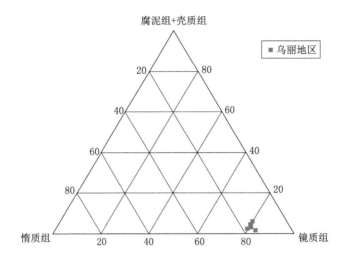

图 6-11　乌丽地区科学试验孔 ZK1 有机显微组分分布图

以乌丽地区科学钻探试验孔 ZK1 为例:岩心上部裂隙发育,大量气泡可能为无机气,自 239.90 m 以深岩性明显变化,出现一套致密硬度高浅变质硅灰岩(凝灰岩热变质,反映下部环境热力作用强烈),下部为一套灰黑色粉砂状泥岩烃源岩(有机质含量较高,生油生气能力强),裂隙发育,气泡量大。有学者认为硅灰岩是一套很好的盖层。

盖层对于天然气水合物的形成具有积极的补充作用,当深部热解气体通过通道向上运移,遇到封堵条件良好的层段,便可在其下大量聚集,如果配以适当的温压条件,便有可能形成天然气水合物这种特殊固态物质[155]。

(二)较大的储集空间和良好的储盖组合

天然气水合物在现代沉积物中大多产出于粒度较粗、孔隙度较大的松散沉积物中,如含砂软泥。所以相对高速的沉积速率对于天然气水合物的产出是很理想的。物质沉积速率越高,其孔隙度越大,渗透性越好,形成良好的疏导系统,这些条件对于天然气水合物的形成具有有利影响。另外,高沉积速率有利于异常高压的形成,异常高压区的存在也有利于天然气水合物的形成[155]。在乌丽地区岩心沉积厚度大且总体岩心颜色较深,说明当时沉积物的埋藏速率大,岩心灰岩裂隙不发育,致密硬度较高,孔隙度差、渗透率低,是一套很好的盖层。下部为一套粉砂岩、粉砂质泥岩。部分岩心物性测试结果显示,该类储层孔隙度平均为 7.5%,由于裂缝/裂隙较为发育,平行方向渗透率平均为 2×10^{-3} μm,是较好的储存空间。

（三）适量的淡水

水中溶有盐时,二者相平衡温度降低,只有淡水才能转化为冰或水合物。另外,淡水为水合物的形成提供孔穴结构或笼状结构。从理论上讲,在形成水合物时不一定需要游离水,只要存在气相或冷凝碳氢化合物中有形成水合物的组分共同存在,压力和温度条件满足,水和一些气体组分就会形成固体水合物。在天然气水合物的形成过程中,水是与烃类一同运移而来的,或是从沉积物中获得的。沱沱河、通天河从乌丽工作区南部流过,支流分布有日阿尺曲、冬布里曲、达哈曲等,呈"扇形"分布。河水主要来源于高山冰雪融水及大气降水,流量随季节性变化,工作区内小型咸水湖星罗棋布,周围沼泽、泥潭广布,泉眼分布密度大,反映地下水充足。

（四）天然气水合物稳定带

研究表明,自然界中天然气水合物的形成受温度、压力和水合物组成的控制。乌丽地区位于青藏高原唐古拉山腹地,属典型的高原高山地貌特征。区内最高海拔 5 200 m,最低海拔 4 473 m,平均海拔 4 800 m 左右。气候冬长夏短,日温差大,昼夜温差可达 15～30 ℃,而一年的温差却只有 25 ℃,年平均气温 -4.4 ℃,极端最高温度 23.3 ℃,极端最低温度 -33.8 ℃,属常年冻土区,这对天然气水合物的形成极为有利。而在之前的钻井 ZK0-6、ZK0-5 及 ZK7-3（其中后两个钻孔气体现场可点燃）中出现的井喷现象也说明乌丽地区气源充足,气体压力很大,满足可燃冰的形成条件。

在科学钻探试验孔孔实施过程中,重点监测了几种温度情况,包括室外温度、岩心红外扫描温度以及泥浆温度。另外测井过程中,也读取了测井温度曲线数值。ZK1 孔中各种温度随着深度的变化情况如图 6-12 所示。

1. 测井温度随深度变化情况

在科学钻探试验孔 ZK1 的 220 m 以浅进行的第一次测井中,测温未采取 72 h 静稳态测温的方法,仅进行了一次温度的测试,获得了如图 6-12 所示黑色曲线。1～60 m 曲线段总体显示温度降低的趋势,该段反映了季节冻土带的特征;60～100.2 m 处,温度曲线几乎保持在一个竖直的直线状态,即温度保持在 3.5 ℃不变,反映了常年冻土带的温度特征;从 100.2 m 开始,温度逐渐增加,进入了增温带的范围,通过计算地温梯度约 2.0 ℃/100 m,如此低的地温梯度

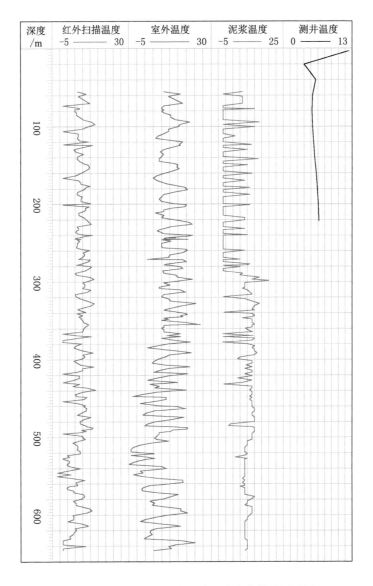

图 6-12 ZK1 孔各种温度随着深度变化情况展示图

为水合物的发育和保存提供了良好的条件。

2. 红外扫描温度和室外温度随深度变化情况

室外温度随着太阳的照射情况而发生变化,当太阳照射强烈时,室外温度比较高;而夜晚或遇阴雨、大风等情况时,室外温度比较低。室外温度在 24 h 内表现出单峰曲线特征。

红外扫描测温具有一定的局限性,主要用于识别物体表面温度。所以可以看到红外扫描温度曲线和室外温度曲线的高、低趋势变化具有比较高的一致性。在工作中为了尽量避免来自外界的干扰,我们采取了一系列措施,如敲取岩心的新鲜断面进行红外测温测试,尽量擦拭干净岩心表面的泥浆,尽量不让太阳光直射岩心表面等,取得尽可能真实的岩心原始温度。

当发现室外温度和红外扫描温度存在较大差异,尤其是当室外温度比较高,而红外扫描温度比较低时,很可能就指示了疑似天然气水合物的存在。197.7 m、364.8 m、375.6 m、429 m、494.1 m、634.5 m 等几个岩心段,均出现了外界温度较高但是红外扫描温度较低的情况,现场的工作人员也可及时进行采取疑似天然气水合物岩样的相关工作。

3. 泥浆温度随深度变化情况

泥浆温度数据有限,所以在钻孔浅部,存在"停滞点"。从 285 m 以下开始,泥浆温度数据采集得比较全,发现泥浆温度变化趋势与室外温度变化趋势大体是一致的。但是在 364.8 m、375.6 m、429 m 处,泥浆温度变化趋势与红外扫描温度曲线的变化是一致的,即存在低温异常的情况。几方面相互印证,对于采取疑似天然气水合物岩样更有把握。

三、乌丽地区水合物赋存预测

(一)含气层段分析

工作区的含气层段主要为上二叠统那益雄组,其岩性主要为一套灰黑色的砂岩、泥岩。乌丽地区科学钻探试验孔 ZK1 设计深度 650 m,实际钻进深度650 m,后期加深到 900 m 深度。其中 55.40～504.9 m、524.50～650.00 m 均为含气层段,含气层段中除 560.55 m、562.10 m 段气体能点燃(图 6-13),其余均未点燃(表 6-7)。

乌丽地区的施工钻孔在钻进过程中,都伴随着不同程度的冒气的情况,只是在气量的大小方面存在差异。ZK1 钻孔也出现了区域的钻孔的冒气情况。由图 6-14 钻孔气泡量变化曲线(实线)可以发现,气泡情况在整个钻孔层段中均存在。在钻孔浅部,即 200 m 以浅的层段,气泡的冒气量一直保持在比较高的水平;220～285 m 和 505～565 m 层段,气泡冒气情况比较差,气量比较少;其他岩层段,则不规则出现了高产气量的层段。

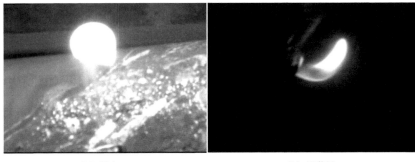

（a）岩心　　　　　　　　　　　　（b）泥浆池

图 6-13　ZK1 孔 560.55 m 处疑似天然气水合物现象

表 6-7　乌丽地区科学钻探试验孔 ZK1 含气段数据表

钻井深度/m	含气量	能否点燃/m
55.40～504.9	总体少量,局部大量	不能点燃
504.90～525.40	总体无气泡,局部少量	不能点燃
524.50～560.55	总体少量,局部无	不能点燃
560.55	少量	能点燃
560.55～562.10	总体少量,局部大量	不能点燃
562.10	少量	能点燃
562.10～650.00	总体少量,局部无	不能点燃

　　该钻孔岩心的裂隙情况如图 6-14 中虚线所示,裂隙发育主要集中在 200～
280 m 的层段,该层段断裂密度比较高;115～155 m 的层段内,裂隙较不发育,
断裂密度比较低;其他岩层段则不规则出现高裂隙密度的层段,和气泡情况曲
线具有较为相似的特征。

　　综合气泡曲线和裂隙曲线,发现:① 冒气量与裂隙的发育情况有很大的相
关性,即通常在裂隙发育的层段,气量一般也比较大,60～110 m、290～395 m、
420～505 m、568～590 m 等层段就属这种情况;② 结合原始起钻记录的情况综
合分析,裂隙发育,但是裂隙被方解石脉或者石英脉等脉体完全充填的情况下,
裂隙的储气能力便骤降,导致气泡量小或者干脆无储气能力,例如 225～290 m、
520～568 m 等层段;③ 该钻孔 155m 以浅的层段,尤其是 110～155 m 层段出
现了裂隙不是很发育,但是气泡量比较大的情况,说明该层段内岩石孔隙为主

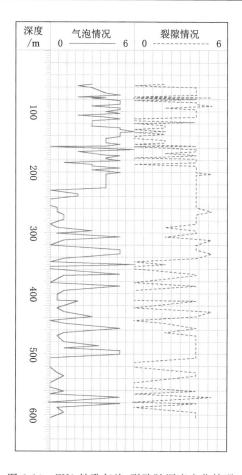

图 6-14　ZK1 钻孔气泡-裂隙随深度变化情况

要储气空间。综合以上分析,说明在本钻孔中存在岩石孔隙和岩石裂隙两大种储气空间。

（二）利用温压条件对水合物可能赋存层段进行预测

经测算,乌丽地区岩心密度为 $2.3 \sim 2.5 \ \text{g/cm}^3$,约为水密度的 2.5 倍。普通大气压下,10 m 高水柱产生的压力是 1 MPa,那么换算可得 4 m 高岩心柱产生的压力约 1 MPa。根据 $p = \rho g h (g = 10 \ \text{m/s}^2)$ 可得出该区地层压力,根据图 6-14 可得水合物在该段孔深异常温度,结合红外扫描温度可科学取样。

① 假设乌丽地区水合物由 4 种气体组成,其含量分别如下:CH_4 60%、C_2H_6 12%、C_3H_8 20%、CO_2 8%。如果气源充足,且有储集空间,则 7 口钻孔在 40 m 以下均有形成水合物的可能。

② 假设乌丽地区水合物由 2 种气体组成,其含量分别如下:CH_4 93.8%、C_2H_6 6.2%。如果气源充足,且有储集空间,则 7 口钻孔形成水合物赋存深度见表 6-8,水合物形成的温度压力曲线如图 6-15 所示。

表 6-8　乌丽地区各钻孔天然气水合物赋存深度范围预测值

钻孔	最小压力/MPa	最浅深度/m	最大深度/m
ZK0-5	3.37	135	—
ZK16-4	2.48	100	700
ZK7-3	2.80	112	—
ZK0-7	2.90	116	560
ZK7-2	3.25	130	—
ZK0-3	4.15	166	720
ZK0-4	4.15	166	660

注:约 18 MPa 时上述各孔超出温压范围,因此,水合物存在的下限深度约为 720 m。

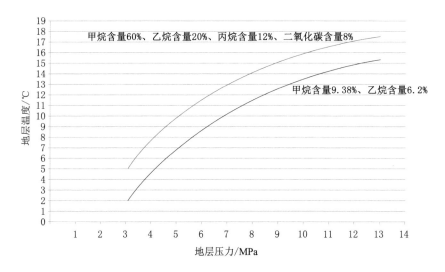

图 6-15　水合物形成的温度压力范围曲线(假设水合物成分)

由此可见,不同的气体组分,其形成水合物的深度界限是不同。因此,气体组分、钻孔温度以及岩石密度是确定乌丽地区水合物赋存深度的关键。但不管气体组分怎样变化,该区形成水合物的最大深度可达近 700 m。

（三）利用层序对天然气水合物可能赋存层位进行预测

该地区原始沉积过程为海退沉积过程，粒序从下到上显示为由粗到细（表 6-9）。从表 6-9 中可以看出粒序总体的变化趋势（由上到下）：粉砂质泥岩、泥质粉砂岩、粉砂岩、细砂岩、中砂岩，当然在第 0 勘探线（图 6-16）上会有相变，ZK0-5 和 ZK1 在第一层硅质岩与第二层硅质岩之间，ZK0-5 为一套 129.50 m 粉砂岩、9.96 m 细砂岩、107.00 m 粉砂岩，相应地，ZK1 为 158.08 m 泥质粉砂岩（16.06 m 粉砂岩、7.29 m 细粒砂岩、38.01 m 泥质粉砂岩、3.93 m 细砂岩、92.79 m 泥质粉砂岩）、3.77 m 细粒砂岩、72.63 m 粉砂质泥岩（1.65 m 粉砂质泥岩、2.33 m 细粒砂岩、1.81 m 泥质粉砂岩、61.87 粉砂质泥岩、4.97 m 细粒砂岩）。

表 6-9　三钻孔地层层序对比表

ZK0-5			ZK1			ZK0-6		
深度/m	真厚/m	岩性	深度/m	真厚/m	岩性	深度/m	真厚/m	岩性
63.00	28.00	粉砂岩	26.70	4.76	粉砂质泥岩	193.00	158.00	泥质粉砂岩
115.65	37.23	细粒砂岩	28.10	0.47	泥质粉砂岩	201.00	7.13	泥岩
159.40	30.94	泥质粉砂岩	47.80	6.73	粉砂质泥岩	317.07	58.04	泥质粉砂岩
188.30	20.44	细粒砂岩	49.40	0.55	泥质粉砂岩	330.20	8.52	硅质岩
233.75	32.14	硅质岩	71.10	7.42	粉砂岩	375.82	29.25	泥质粉砂岩
281.65	33.87	细粒砂岩	76.40	1.81	细粒砂岩	392.10	10.46	粉砂岩
323.75	29.22	硅质岩	81.80	1.85	粉砂质泥岩	396.20	2.64	细粒砂岩
513.65	129.50	粉砂岩	85.40	1.23	泥质粉砂岩	425.52	18.85	泥质粉砂岩
528.25	9.96	细粒砂岩	86.40	0.34	细粒砂岩	437.50	7.70	粉砂岩
651.75	107.00	粉砂岩	112.30	8.86	粉砂质泥岩	444.40	3.45	细粒砂岩
671.55	16.22	硅质岩	152.40	13.72	粉砂岩	453.20	6.74	粉砂岩
686.35	12.12	细粒砂岩	203.60	17.51	粉砂质泥岩	470.00	12.87	细粒砂岩
693.85	6.50	粉砂岩	214.40	3.69	泥质粉砂岩	525.50	42.52	泥质粉砂岩
749.45	48.15	细粒砂岩	224.30	3.39	细粒砂岩	527.10	1.23	细粒砂岩
751.35	1.01	中粒砂岩	232.70	2.87	粉砂质泥岩	532.00	3.75	泥质粉砂岩
758.55	3.82	细粒砂岩	237.10	1.50	泥岩	538.70	5.13	细粒砂岩
794.74	30.69	中粒砂岩	238.70	0.55	粉砂质泥岩	562.75	18.42	泥质粉砂岩
805.60	9.21	粉砂岩	259.60	7.15	硅质岩	565.15	1.84	粉砂质泥岩

表 6-9（续）

ZK0-5			ZK1			ZK0-6		
深度/m	真厚/m	岩性	深度/m	真厚/m	岩性	深度/m	真厚/m	岩性
			270.90	4.78	粉砂岩	568.40	2.49	泥岩
			271.90	0.42	粉砂质泥岩	569.10	0.54	粉砂质泥岩
			273.10	0.51	硅质岩	576.00	5.29	泥岩
			275.90	1.18	粉砂质泥岩	578.80	2.42	细粒砂岩
			277.40	0.34	细粒砂岩	589.95	9.66	泥岩
			292.90	12.70	硅质岩	594.40	3.85	粉砂质泥岩
			312.50	16.06	粉砂岩	613.35	16.41	细粒砂岩
			321.40	7.29	细粒砂岩	616.00	2.29	泥岩
			367.80	38.01	泥质粉砂岩	632.00	14.55	粉砂岩
			372.62	3.93	细粒砂岩	633.07	1.13	细粒砂岩
			485.90	92.79	泥质粉砂岩			
			490.50	3.77	细粒砂岩			
			492.40	1.65	粉砂质泥岩			
			499.20	2.33	细粒砂岩			
			504.50	1.81	泥质粉砂岩			
			592.00	61.87	粉砂质泥岩			
			598.80	4.97	细粒砂岩			
			600.40	1.17	硅质岩			
			607.30	3.45	泥质粉砂岩			
			616.80	6.72	硅质岩			
			622.20	4.68	泥质粉砂岩			
			628.10	4.52	细粒砂岩			
			630.50	1.20	泥质粉砂岩			
			634.10	2.31	细粒砂岩			
			650.60	5.64	粉砂岩			

　　总体来讲,岩性层序变化由下到上是由粗到细的,当然大层序里面包含有小的粒序变化,但也满足这个变化规律。同样,第一层硅质岩以上岩层粒序的变化规律,ZK0-5、ZK1 和 ZK0-6 符合同样的变化规律,第二层硅质岩以下地层,ZK0-5 和 ZK1 都能很好对应(表 6-10),因此层序地层的变化规律能够很好

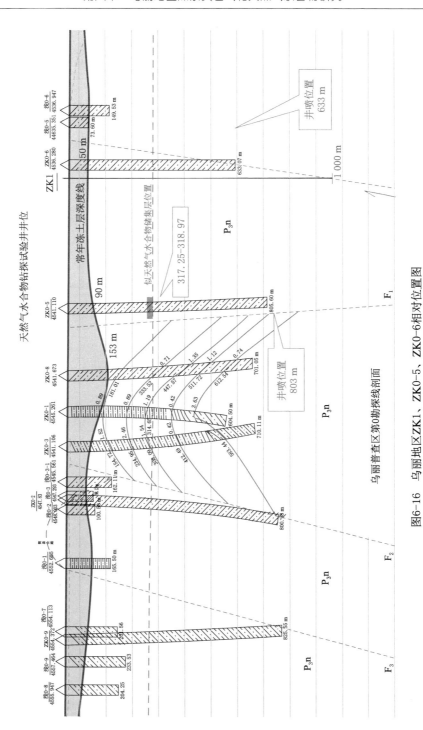

图6-16　乌丽地区ZK1、ZK0-5、ZK0-6相对位置图

地作为该区地层对比的依据。推测在 ZK1 孔的 873.56 m 处可能出现涌气现象。

表 6-10　ZK0-5 与 ZK1 地层厚度对比表

ZK0-5			ZK1			备注
深度/m	真厚/m	岩性	深度/m	真厚/m	岩性	
			312.50	16.06	粉砂岩	由于相变,岩性有所变化,ZK1 局部夹有细砂岩及粉砂岩
			321.40	7.29	细粒砂岩	
513.65	129.5	粉砂岩	367.80	38.01	泥质粉砂岩	
			372.62	3.93	细粒砂岩	
			485.90	92.79	泥质粉砂岩	
528.25	9.96	细粒砂岩	490.50	3.77	细粒砂岩	
			492.40	1.65	粉砂质泥岩	由于横向相变,岩性有所变化,ZK1 局部夹有细砂岩
			499.20	2.33	细粒砂岩	
651.75	107	粉砂岩	504.50	1.81	泥质粉砂岩	
			592.00	61.87	粉砂质泥岩	
			598.80	4.97	细粒砂岩	

第七章　煤系非常规气成藏模式研究

从祁连地区和唐古拉山地区的区域地质背景出发,从构造、沉积、岩石地层、地球化学等方面对两大赋煤带的特征进行对比总结,整个含煤岩系包括常规煤炭资源和煤系非常规气体等的发育,均受到区域地质因素的影响和控制。而针对不同特征的多能源赋存形式,提出勘探开发的建议,对于丰富高原冻土区综合煤炭资源的概念提供了思路。

第一节　木里煤田与乌丽地区煤系非常规气赋存条件对比

整个青海省处于不断挤压的碰撞造山构造条件下,导致青海省北部的木里煤田和南部的乌丽地区的构造作用均异常强烈。两个地区均处于高山冻土区,但分处不同的赋煤带,在较为相似的地质背景之上,形成了具有各自特点的含煤岩系地层(表 7-1)。

表 7-1　木里煤田和乌丽地区含煤岩系地层发育情况对比表

对比项目	木里煤田	乌丽地区
主要成煤地层	中生代侏罗系	上古生代二叠系
沉积环境	陆相(冲积扇相、三角洲相、湖相)	海陆过渡相(潟湖相)
成煤时环境	相对稳定的沉积环境;	活动性较强区域
岩石颜色	整体暗色,煤层顶、底板有紫红、灰绿色等较鲜艳的颜色	整体深灰、黑色,
细碎屑岩石累计厚度百分比/%	42.67	32

表 7-1(续)

对比项目	木里煤田	乌丽地区
岩性特殊情况	含有较高比例的中、粗砂岩	含有较高比例的灰岩、硅质岩
含煤岩系地层厚度/m	>610	>1 159.36
煤层展布	连续性较好	极不稳定,不可对比
煤质	焦煤为主,各煤阶均有	无烟煤

青海省是一个煤炭资源相对比较贫乏而且分布不均的省份,煤炭资源主要分布在海西蒙古族藏族自治州、海北藏族自治州所属的柴北缘、祁连两个赋煤带,唐古拉山赋煤带和东昆仑-西秦岭赋煤带分布较少。木里煤田位于西北赋煤区范围内,是青海省重要的煤炭产地之一,煤炭资源量较为丰富,煤质以焦煤为主,为全省的动力用煤的主要来源。乌丽地区属于滇藏赋煤区,位于青藏高原腹地,煤炭资源量较为匮乏,在 20 世纪 50 年代青藏公路修筑时期,浅层开采的煤炭资源作为施工现场重要的能源供给,整个地区的煤炭资源连续分布性很差,相邻距离较近的矿点之间煤层不连续,几乎没有横向对比性。青海省北部木里煤田和青海省南部乌丽地区的煤系非常规气赋存的条件存在很大的差异,下面分别从不同的角度进行对比分析。

一、区域地层发育情况比较

木里煤田区域性沉积和出露的地层有前震旦系、奥陶系、石炭系、二叠系、三叠系、侏罗系、古近系-新近系和第四系。其中三叠系、侏罗系沉积保存完整,分布广泛。前震旦系为碳酸盐岩和碎屑岩建造;石炭系为海相及海陆交互相沉积建造;二叠系为海盆边缘相紫红色碎屑岩建造;三叠系遍布中祁连,中、下三叠统为海相、海陆交互相沉积建造,上三叠统以陆相碎屑岩建造为主,夹有海相石灰岩薄层;侏罗系中下统为陆相山间盆地型,以湖相为主的含煤建造,中上统主要为湖相细碎屑岩建造;古近系和新近系多为干旱内陆盆地碎屑岩建造;第四系遍布全区,为冰川、冰水堆积及现代冲积物。

乌丽地区区域地层包括石炭系、二叠系、三叠系、侏罗系、白垩系、古近系-新近系和第四系。石炭系由一套中浅变质的浅海-滨海相沉积的碎屑岩及火山喷发岩组成;二叠系为海陆交互相建造;三叠系以浅海沉积建造为主,发育海相石灰岩层;侏罗系为海相和海陆交互相建造;白垩系为湖相碎屑岩沉积岩系;古近系和新近系皆为陆相,可见湖积红色碎屑岩层系,并有膏盐夹层发育;第四系遍布全区,为成因多样的松散沉积物,具有明显的高原特色。

二、含煤岩系发育情况比较

木里煤田以中生代侏罗系地层为主要产煤层系。含煤地层包括下侏罗统上部的热水组(J_1r)、中侏罗统下部的木里组(J_2m)与上部的江仓组(J_2j),上侏罗统享堂组局部可见到薄煤线,另外上三叠统上部的尕勒得寺组(T_3g)也有煤层产出。整个煤系地层的沉积厚度大于610 m。祁连山含煤岩系地层以陆相沉积环境为主要特征,下侏罗统冲积扇前缘浅水沉积型相、中侏罗统下部三角洲沉积环境,再到中侏罗统上部湖相沉积盆地,都以陆相沉积环境为主要特征。在煤层顶板和底板有紫红、灰绿等色调鲜艳的泥岩或泥质角砾岩分布,也反映出陆相沉积的特点。煤层未受到后期火山作用的影响,强烈的挤压作用使煤层被挤压、切割或者遭到抬升,但总体而言,煤层的连续性还是较好的。煤质以焦煤为主,但是各种煤阶的煤均可见。

乌丽地区以晚古生代二叠地层为主要产煤层系。含煤地层主要是上二叠统那益雄组(P_3n),在多个矿点均有产出。另外上三叠统上部的巴贡组(T_3b)仅在八十五道班西地区产出。整个二叠纪煤系地层的沉积厚度大于1 159.36 m。乌丽地区含煤岩系地层以海陆过渡相沉积环境为主要特征。整个岩石地层颜色均呈黑色、灰黑色,并且有灰岩作为过渡相沉积的标志性层段,由于火山作用的影响,硅质岩发生热变质作用变为硅灰岩。整个岩层由于时代较老,压实作用强烈,显示硬度较大。煤层的连续性特别差,在距离只有100 m甚至是50 m的钻孔中,煤层就消失,可见煤层的稳定性很差,不利于煤炭的勘探。整体煤炭的变质程度较高,以高变质程度的无烟煤为主。

乌丽地区由于煤炭变质程度高,印支期酸性火成岩微粒混入而导致煤层高灰分,显示出高自然伽马和低电阻率值的测井曲线特征,这是与木里煤田煤层测井表现出的最显著的区别。

三、烃源岩比较

木里煤田是广义煤层气的气源,主要源岩包括煤层、煤系泥页岩、油页岩;区内石炭系暗色泥灰岩、下二叠统暗色灰岩、上三叠统暗色泥岩等作为次要源岩。含煤岩系泥页岩的总有机碳以及生烃潜量的指标显示有机质含量较高,表明含煤岩系泥页岩属于好的烃源岩范畴。Ⅱ₂型和Ⅲ型的干酪根类型,均有利于生气,尤其是Ⅲ型干酪根可持续生成气态烃类。成熟-高成熟演化阶段,为生气的高峰时段。总体判断,该区烃源岩属于好的烃源岩(表 7-2)。

乌丽地区巨厚含煤岩系可作为烃源岩,总体上也被评价为好的烃源岩。虽然有机碳含量略低,但是整体岩层厚度可以作为补偿;另外,更高的演化程度,对于烃源岩演化具有促进作用,更有利于气体生成。可见,影响烃源岩评价的各因素之间具有较好的补充效应(表 7-2)。

表 7-2 木里煤田和乌丽地区烃源岩对比表

对比项目	木里煤田	乌丽地区
烃源岩岩性	主要源岩:煤层、煤系泥页岩、油页岩;次要源岩:区内石炭系暗色泥灰岩、下二叠统暗色泥灰岩、上三叠统暗色泥岩等	主要源岩:煤系暗色泥页岩;次要源岩:煤层、暗色泥灰岩等
含煤岩系泥页岩 TOC/%	1.85(0.52~2.70)	1.63(0.9~3)
含煤岩系泥页岩 S1+S2/(mg/g)	6.58(0.23~15.45)	37.01(14.53~57.17)
干酪根类型	II_2 型,III 型	II_2 和 III 型
含煤岩系 R_o/%	1.197(0.74~1.851)	2.27(1.844~2.638)
T_{max}/%	Max:490	Max:638
演化程度	成熟-高成熟	成熟-过成熟

四、储集层比较

如表 7-3 所示,乌丽地区的储集层条件与木里煤田相比,孔隙度和渗透率均较好,对于气体的储集和后期开发均有利。

表 7-3 木里煤田和乌丽地区储集层对比表

对比项目	木里煤田	乌丽地区
储层孔隙度/%	3.752	8.02
储层渗透率/mD	0.577	1.764
含气性情况	个别钻孔见气	钻孔均见气,甚至井喷
冻土层条件	冻土条件良好,平均厚度 80 m	测温曲线无典型"U"型显示
水合物赋存层位	含油页岩层的砂岩	—

对区域地层含气性而言,乌丽地区所有的钻孔均可见到气体产出,有的甚至出现气涌、井喷现象;而木里煤田钻孔较少有气体产出,并且气量有限,显示

出气体总量较少并且气压较小。木里煤田范围内,钻孔气体量较少,可能是由于大部分气体在天然气水合物稳定带范围内形成了特殊固态的天然气水合物。木里煤田冻土条件好,在测温曲线上显示了很典型的常年冻土带的"U"型曲线特征,并且常年冻土带厚度平均达到 80 m,可以作为区域性盖层,对气体的保存具有良好的封堵效果。但是乌丽地区无典型的常年冻土带测温曲线特征,所以气体可能更多以气态形式存在于煤系地层之中。

五、比较总结

经过分析,祁连山地区和唐古拉山地区虽然同发育煤系地层,但是木里煤田对于天然气水合物的发育更为有利,而乌丽地区煤系页岩气勘探前景更为宽广(表 7-4)。

表 7-4　木里煤田和乌丽地区储集层对比表

木里煤田	乌丽地区
相对稳定的沉积环境; 煤层连续性好; 冻土层发育; 生烃条件好; 生烃总量大; 适宜水合物发育的温压条件	沉积时属活动性较强区域; 储层非均质性强; 构造、沉积条件更为复杂; 生烃条件好; 可能形成局部的非常规气甜点
利于天然气水合物的发育	煤系页岩气发育潜力大

第二节　煤系非常规气成藏模式分析

富含有机质的含煤岩系地层,包括煤层、碳质泥岩、暗色泥岩,以及伴生的油页岩等层系,随着埋深的不断加大,在构造演化作用的强烈变形以及伴生热液的共同作用影响下,进入中-高级演化阶段,产生大量气态烃类物质。烃类气体自生自储于煤层之中,形成煤层气这种非常规气体形式;烃类气体自生自储于暗色泥页岩、碳质泥岩、油页岩等岩系中,形成含煤岩系页岩气非常规气体形式。当煤层的顶板是致密砂岩层的情况下,煤层产生的气体,经过短距运移,或者扩散作用,进入顶板砂岩,形成致密砂岩气的非常规气体形式。通过较大断层的沟通作用,将烃源岩内生成的气体,通过断层的疏导作用,向浅部运移,在进入天然气水合物稳定带范围对应的地层范围内时,在适宜的孔隙、裂隙条件下,并且在充沛的水文条件配合之下,即形成天然气水合物这种特殊固态的非常规能源形式[156-157]。在埋深较浅的煤层内,由于有机质主要是Ⅲ型干酪根,具有连续不断形成气态烃类的能力,所以也存在浅部的煤层气资源;有机质含量较高的泥页岩,在浅部微生物作用的影响下,生成低熟气,该气属于干气范畴,自生自储于烃源岩之中,形成生物成因气。

针对煤层气、煤系页岩气、煤系天然气水合物等不同气藏的特征,提出煤系非常规能源赋存模式(图 7-1)[158]。

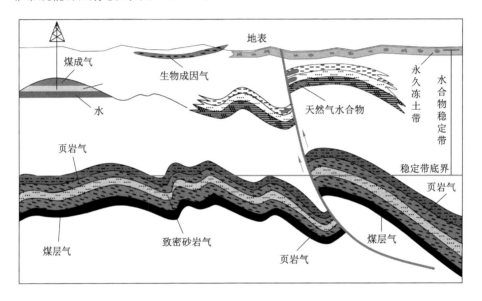

图 7-1 煤系非常规能源赋存模式图

(1)尽管不同类型的气藏赋存于不同的储层中,但从盆地沉降演化及生排烃过程来看,均处于整套含煤岩系内,在物源类型、沉积环境、构造热演化等方面,具有显著的一致性。因此,从成藏空间分布来看,煤系非常规天然气具有同盆共生的特征。

(2)当含煤岩系中所富含的有机质达到生烃阶段后,无论煤层或是泥页岩层均会生成气态烃类,这是煤层气、页岩气的直接气源,同时也是天然气水合物的间接主要气源。因此,从成藏物质基础来看,煤系非常规天然气具有同源共生的特征。

(3)煤系非常规天然气主要以吸附态赋存于储层中。所不同的是,煤层气、页岩气基本是自生自储式气藏,生成的气态烃类几乎无运移;而天然气水合物则属于生气层向储气层的短距运移气藏。因此,从成藏保存富集来看,煤系非常规天然气具有运移分异特征。

第三节　煤系非常规气勘探建议

沉积盆地作为多种矿产的赋存场所,其内部多种能源矿产共存一直受到地质学家的关注和重视。对其的研究包括不同形态的有机可燃矿产之间的联系(如煤-油、煤-气、油-气)[159-161],以及有机能源矿产与无机能源矿产之间的联系(如煤-铀、煤-油-气-铀)等。煤炭资源是一个广义的概念,包括固体煤矿床、流体煤成烃矿床(煤成油、煤成气、煤层气),以及高寒地区多年冻土带特殊条件下的煤型气源天然气水化合物矿床。木里煤田特定的地质地理条件,构成煤矿床、煤层气藏、煤型气源天然气水化合物三位一体、典型的以煤为核心的多能源矿床富集区,为青藏高原东北部煤炭资源研究和评价提供了极佳的示范区。

煤炭资源,不仅仅只是煤炭矿床资源,综合赋存在含煤岩系地层中的一切常规、非常规能源资源种类的总和,都应归属于这个概念范畴,如固态的煤矿床、油页岩、铝土矿、沉积型铀矿床,液态的煤成油,气态的煤层气、煤系页岩气、致密砂岩气,以及特殊固态形式的天然气水合物。很多资源形式虽然不是仅出现在煤系地层中,但是煤系地层所具有的特殊性质,对于某些矿产的形成甚至富集,都有不可替代的作用。

青海省地处高原高寒地区,自然条件恶劣,勘探实践起步较晚,投入很少,地质工作程度较低;基础的地质资料积累得较少,对于工作的深入开展缺乏确实的实验数据和坚实的地质理论的指导;针对非常规能源勘探的关键技术较国外来讲比较落后,并且可做对照比较的先例几乎为零;资源的落实程度较低;目的层段埋深较大,沉积范围有限;断层特别发育,地势险峻;等等。针对上述情况,建议该区域内勘探实践应遵循以下一些原则。

(1)多能源综合勘探,综合利用[160]。在青藏高原地区,在气候和地理条件都比较艰苦的条件下,实施勘探实践,本身就困难重重,如果只是针对单一矿种展开研究,从经济角度来讲更为不利。现在针对研究区域内可能存在的多种能源、资源进行综合的研究、勘探开发,三气合采,可实现利益的最大化,实现煤炭资源的综合分析利用[161]。

(2)勘探开发实践过程中,应遵循"由上至下、先气后煤"的原则。例如:对于煤炭和煤层气的开采,煤层气开发应避免瓦斯对煤矿开采的危害,应采用采气-采煤一体化技术,达到既降低煤层气生产成本,又大大改善煤矿安全生产条件的双重目的,实现经济和环保双赢的良好效果。

(3)开发投入资源的多重利用。针对不同的气体资源,如煤层气和页岩气,可以重复使用相同的采气管道,针对不同的目的层段采取压裂或者减压采气的开发方案,甚至是天然气水合物也可在相同的管线中,利用减压或者增热的途径,实现水合物的分解,进而达到多气同采的目的。这样既节约了开发投入资源,又实现了经济效益。

(4)在煤炭综合能源探采工业中,坚持"以探促采、以采养探、煤气并举、滚动发展"的发展战略。通过详细、科学的钻探、录井、测井资料,对不同矿种实行滚动连续勘探开采模式,不仅节约了勘探时间,而且提高了开发效率。

(5)在不同的勘探区块,选择优势矿种,实施高效、实际的勘探开发方案。例如祁连木里煤田地区,焦煤一直是该区域的主要矿种形式,再加上首次在陆域范围内实现天然气水合物样品的突破,所以,焦煤开采以及陆域天然气水合物科研勘探将作为本区域内首要勘探工作;但是煤层气资源量一直较少,而含煤岩系层段厚度有限,所以煤层气和煤系页岩气在本区域将作为次一级勘探矿种。在乌丽地区,岩层厚度巨大,钻探实践中气涌现象反映出其含煤岩系页岩气的含量比较巨大,而且具有天然气水合物存在的必要条件,所以把这两种矿产作为优先勘探的矿产,煤层和煤层气由于稳定性较差,在不断勘探不断的完善过程中,可实现更为有效的利用和开发。

(6)优先选择经济效益高的矿种进行勘探开发。通过对当前开采技术、行业价格、市场需求以及技术可行性等方面的分析和研究,选取最具经济价值的矿种进行开发利用。当然,对某一种矿种进行开采,必须建立在对其他矿种不产生破坏效应的前提之下。

当前我国含煤岩系非常规油气资源的勘探开发尚处于初级阶段,对其没有系统的认识,没有系统的配套技术,面临着诸多经济上和技术上的困难和问题。比如非常规油气藏成藏条件复杂,储层致密,非均质性强,不同类型资源各具特点。泥页岩和致密砂岩属于低渗透储层,渗透率极低。煤层气储层具有含气非均质性强、渗透率低、储层压力低、含气饱和度低等特点。因此,含煤岩系非常规油气资源的勘探开发还有很长一段路需要走。

第八章　主要研究结论

　　本章主要针对本书研究工作和成果,以及工作过程中存在的问题和不足之处进行了系统的总结和归纳,在此基础上,提出了今后工作的重点和方向。

　　本书以青海省北部祁连山南缘木里煤田以及青海省南部唐古拉山北缘乌丽地区煤炭资源以及含煤岩系地层中富含的非常规能源为主要研究对象,综合运用了地球化学、地球物理学、构造地质学、沉积学、煤炭地质学、石油地质学等多学科综合知识,针对煤系地层的基本性质、经历的构造-热演化历程、煤系烃源岩评价、含煤岩系储集层特征等进行研究,进而讨论煤系非常规能源等相关问题。将研究区相关条件进行对比,总结和归纳出含煤岩系非常规能源的成藏模式,以及相关勘探开发建议。获得的主要认识如下:

　　(1)青海省跨越两大赋煤区,木里煤田和乌丽地区分别位于西北赋煤区和滇藏赋煤区。木里煤田位于西北赋煤区范围内,以中生代侏罗纪为主要成煤期,主要成煤环境是陆相沉积环境;该区范围内煤炭资源量较为丰富,是青海省重要的煤炭产地之一,煤类以焦煤为主,为全省的动力用煤提供了重要的供应。乌丽地区属于滇藏赋煤区,位于青藏高原腹地,以晚古生代石炭-二叠纪为主要成煤期,成煤环境为海陆交互相;该区煤炭资源量较为匮乏,在20世纪50年代青藏公路修筑时期,浅层开采的煤炭资源作为施工现场重要的能源供给。整个地区的煤炭资源连续分布性很差,相邻距离较近的矿点之间煤层不连续,几乎没有横向对比性。青海省北部木里煤田和青海省南部乌丽地区的煤系非常规气赋存的条件存在很大的差异情况。

　　(2)木里煤田范围内沉积和出露的地层有前震旦系、奥陶系、石炭系、二叠系、三叠系、侏罗系、古近系-新近系和第四系。木里煤田早、中侏罗世经历了早侏罗世聚煤期和中侏罗世聚煤期,以中侏罗世聚煤作用最好。由于受到深成变质和热水变质两种作用的不均匀影响,各种煤阶的煤类均存在。

木里煤田位于青海省北部,在大地构造上属中祁连断隆带的一部分,主构造方向呈北西-南东向展布。由于构造作用影响,煤田内断层和褶皱构造比较发育。通过对木里煤田基底构造特征、区域断裂系统及含煤岩系展布特征的分析,认为木里煤田具有南北分带、东西分段的基本构造格局。区内的含煤地层主要分布于受断裂控制的构造带中。

(3)分析了木里煤田煤层气赋存的地质条件,该区煤层较厚,煤层结构以较简单-较复杂为主,煤岩显微组成以镜质组为主,含量偏低,不利于煤储层生气能力和吸附能力的提高;木里煤田收集到的钻孔煤层含气量普遍较低,其原因与煤变质程度较低以及后期构造运动使煤层抬升、埋深变浅等因素有关。木里煤田煤体结构以原生结构煤和碎裂煤为主,煤层割理发育,孔隙度和渗透率较高,有利于煤层气的开采。

(4)木里煤田厚度巨大的含煤岩系地层中泥页岩以及粉砂岩类的岩石厚度百分比高达55%,为煤系页岩气发育奠定了基础。木里煤田的烃源岩有机质很丰富,可评判为良好的烃源岩;干酪根类型是Ⅱ-Ⅲ型;有机质热演化程度已经达到了生气高峰,烃源岩评价认为该区域内具有充足的气源供应。木里煤田剧烈的构造运动改善了页岩气储集层的孔渗条件,有利于页岩气的储集;岩层中石英等脆性矿物含量高,可以在使用压裂技术后达到大幅增产的效果;而且较高含量的黏土矿物对于游离气具有良好的吸附作用。综上认为木里煤田煤系页岩气前景可观。

(5)木里煤田天然气水合物形成条件包括:冻土层发育、温压条件适宜、气体和水源条件充足、储集空间(孔隙、裂隙)发育以及构造作用对储集层的改善和运移通道。综合分析实测数据和煤田地质条件,认为木里煤田天然气水合物气源成因类型属于以广义煤型气为主的混合气。广义煤型气包括煤层气、煤系泥岩气(页岩气)和油页岩气;区内石炭系暗色泥灰岩、下二叠统暗色灰岩、上三叠统暗色泥岩等烃源岩产气是次要气源。

(6)探索了利用煤田测井曲线解译方法识别天然气水合物的新途径。通过地球物理特性,利用测井曲线对疑似天然气水合物层段进行解译,共发现了61个疑似天然气水合物层;疑似天然气水合物的层段大部分分布在木里组或江仓组的含煤地层,以砂岩储集层和煤层为最有利的储集层位。利用单孔累计厚度和最浅埋深平面分布情况,对水合物的下一步勘探重点区域进行了预测。

(7)木里煤田高山冻土环境的地温梯度提供了有利于天然气水合物稳定带所需的温压条件(稳定带范围广),砂岩、泥岩和油页岩孔隙和裂隙为天然气水合物赋存提供了储层空间,源岩中的烃类通过主要通道——断层的运移作用将源岩和储集层沟通,而扩散作用起到了补充,以上条件决定了木里煤田天然气水合物的成藏模式属于广义自生自储、短距运移成藏模式。

（8）乌丽地区上二叠统发育沉积厚度巨大的含煤岩系地层,暗色泥岩、碳质泥岩、粉砂质泥岩和泥质粉砂岩等富含有机质的细碎屑岩石厚度百分比较高,有机质热演化程度已经达到了生气高峰,可以提供充足的气源。乌丽地区位于羌塘盆地北缘,剧烈的构造运动改善了页岩气储集层的孔渗条件,有利于页岩气的储集;岩层中石英等脆性矿物含量高,可以在使用压裂技术后达到大幅增产的效果。综上所述,乌丽地区范围内具有页岩气勘探开发的巨大潜能。

（9）乌丽地区在煤炭钻孔实施过程中,出现了类似木里煤田天然气水合物的存在的现象,经过烃源岩评价、储层物性、构造热演化等方面的分析,认为该区内天然气水合物形成条件良好。进一步利用层序、裂隙-气泡对应性、温压条件等不同方式进行分析,预测天然气水合物可能赋存的层位和埋深。

（10）从祁连地区和唐古拉山地区的区域地质背景出发,从构造、沉积、岩石地层、地球化学等方面对两大赋煤带的特征进行对比总结,包括煤炭资源以及煤系非常规气体等能源的分布,提出煤炭非常规气成藏模式,针对不同特征的多能源赋存形式提出勘探开发建议。

参 考 文 献

[1] 曹代勇,宁树正,郭爱军.中国煤田构造格局与构造控煤作用[M].北京:科学出版社,2018.

[2] 祝有海,张永勤,文怀军,等.青海祁连山冻土区发现天然气水合物[J].地质学报,2009,83(11):1762-1771.

[3] 曹代勇,刘天绩,王丹,等.青海木里地区天然气水合物形成条件分析[J].中国煤炭地质,2009,21(9):3-6.

[4] 王佟,刘天绩,邵龙义,等.青海木里煤田天然气水合物特征与成因[J].煤田地质与勘探,2009,37(6):26-30.

[5] 张抗.近年我国能源消费变化分析及其对能源发展战略的启示[J].中外能源,2012,17(7):1-12.

[6] 中国矿业大学(北京).新一轮全国煤炭资源潜力评价阶段性成果报告[R].2012.

[7] 王钟堂,潘随贤,李文恒.中国的煤炭资源及其勘探与开发[J].煤炭学报,1987(4):1-16.

[8] 申宝宏,雷毅.我国煤矿区非常规能源开发战略思考[J].煤炭科学技术,2013,41(1):16-20.

[9] CAO Y X,DAVIS A,LIU R,et al. The influence of tectonic deformation on some geochemical properties of coals:a possible indicator of outburst potential[J]. International Journal of Coal Geology,2003,53(2):69-79.

[10] 徐水师,王佟,孙升林,等.中国煤炭资源综合勘查技术新体系架构[J].中国煤炭地质,2009,21(6):1-5.

[11] 李增学,魏久传,刘莹.煤地质学[M].北京:地质出版社,2005.

[12] 张厚福.石油地质学[M].北京:石油工业出版社,1999.

[13] 秦云虎.徐州煤田瓦斯赋存特点及其影响因素[J].江苏煤炭,1998(1):16-18.

[14] 鲁玉芬,陈萍,唐修义.淮南煤田潘一井田 13-1 煤层瓦斯含量特征[J].煤田地质与勘探,2006,34(2):29-32.

[15] 戴金星,戚厚发,王少昌,等.我国煤系的气油地球化学特征、煤成气藏形成条件及资源评价[M].北京:石油工业出版社,2001.

[16] 张金川,聂海宽,徐波,等.四川盆地页岩气成藏地质条件[J].天然气工业,2008,28(2):151-156.

[17] 张金川,姜生玲,唐玄,等.我国页岩气富集类型及资源特点[J].天然气工业,2009,29(12):109-114.

[18] 曹代勇,张守仁,穆宣社,等.中国含煤岩系构造变形控制因素探讨[J].中国矿业大学学报,1999,28(1):25-28.

[19] CAO D Y,LI X M,ZHANG S R. Influence of tectonic stress on coalification:stress degradation mechanism and stress polycondensation mechanism[J]. Science in China Series D:Earth Sciences,2007,50(1):43-54.

[20] 秦勇,申建,沈玉林.叠置含气系统共采兼容性:煤系"三气"及深部煤层气开采中的共性地质问题[J].煤炭学报,2016,41(1):14-23.

[21] 傅雪海,德勒恰提·加娜塔依,朱炎铭,等.煤系非常规天然气资源特征及分隔合采技术[J].地学前缘,2016,23(3):36-40.

[22] 傅雪海,陈振胜,宋儒,等.煤系灰岩气的发现及意义[J].中国煤炭地质,2018,30(6):59-63.

[23] 曹代勇,姚征,李靖.煤系非常规天然气评价研究现状与发展趋势[J].煤炭科学技术,2014,42(1):89-92.

[24] 王佟,王庆伟,傅雪海.煤系非常规天然气的系统研究及其意义[J].煤田地质与勘探,2014,42(1):24-27.

[25] 朱炎铭,侯晓伟,崔兆帮,等.河北省煤系天然气资源及其成藏作用[J].煤炭学报,2016,41(1):202-211.

[26] 李靖,姚征,陈利敏,等.木里煤田侏罗系煤系非常规气共存规律研究[J].煤炭科学技术,2017,45(7):132-138.

[27] 欧阳永林,田文广,孙斌,等.中国煤系气成藏特征及勘探对策[J].天然气工业,2018,38(3):15-23.

[28] 秦勇,吴建光,申建,等.煤系气合采地质技术前缘性探索[J].煤炭学报,

2018,43(6):1504-1516.

[29] 宋儒,苏育飞,陈小栋.山西省深部煤系"三气"资源勘探开发进展及研究[J].中国煤炭地质,2019,31(1):53-58.

[30] 邹才能,杨智,黄士鹏,等.煤系天然气的资源类型、形成分布与发展前景[J].石油勘探与开发,2019,46(3):433-442.

[31] 毕彩芹,周阳,姚忠岭,等.鸡西盆地梨树井田煤系气储层特征及改造工艺探索[J].煤炭科学技术,2021,49(12):127-137.

[32] 邹才能,杨智,朱如凯,等.中国非常规油气勘探开发与理论技术进展[J].地质学报,2015,89(6):979-1007.

[33] ETHERINGTON J R, MCDONALD I R. Is bitumen a reserve[C]//SPE hydrocarbon economics and evaluation symposium,2005.

[34] PERRY K, LEE J. Unconventional gas reservoirs-tight gas,coal seams, and shale woking document of the npc global oil and gas study[R]. 2007.

[35] LAW B E, CURTIS J B. Introduction to unconventional petroleum systems[J]. American Association of Petroleum Geologists Bulletin, 2002, 86(11):1851-1852.

[36] DAWSON F M. Unconventional Gas in Canada Opportunitiesand Challenges, in Canadian Society for Unconventional Gas[R]. 2010.

[37] SINGH K,HOLDITCH S A,AYERS W B. Basin analog investigations answer characterization challenges of unconventional gas potential in frontier basins[J]. Journal of Energy Resources Technology,2008,130(4):1.

[38] OLD S,HOLDITCH S A,AYERS W B,et al. PRISE:petroleum resource investigation summary and evaluation[C]//All Days. October 11-15, 2008. Pittsburgh,Pennsylvania,USA. SPE,2008.

[39] MARTIN S O O,HOLDITCH S A A,AYERS W B B,et al. PRISE validates resource triangle concept[J]. SPE Economics & Management, 2010,2(1):51-60.

[40] CHENG K,WU W,HOLDITCH S A,et al. Assessment of the distribution of technically-recoverable resources in North American Basins[C]// All Days. October 19-21,2010. Calgary,Alberta,Canada. SPE,2010.

[41] VIDAS H, HUGMAN B. Availability,economics and productionpotential

of North American unconventional natural gassupplies[C].[S. l.]:The INGAA Foundation Inc,2008.

[42] 张抗.中美非常规油气概念差异及启示[J].中国石油企业,2012(1):32-33.

[43] 赵靖舟.非常规油气有关概念、分类及资源潜力[J].天然气地球科学,2012,23(3):393-406.

[44] 曹代勇,王丹,李靖,等.青海祁连山冻土区木里煤田天然气水合物气源分析[J].煤炭学报,2012,37(8):1364-1368.

[45] 孙红波,孙军飞,张发德,等.青海木里煤田构造格局与煤盆地构造演化[J].中国煤炭地质,2009,21(12):34-37.

[46] 刘洪林,王红岩,赵国良,等.稳定碳同位素 $\delta^{13}C_1$ 在煤层气田勘探中的应用[J].西安科技大学学报,2004,24(4):442-446.

[47] DENDY SLOAN E. Fundamental principles and applications of natural gas hydrates[J]. Nature,2003,426(6964):353-359.

[48] 裘俊红,陈治辉.笼形水合物及水合物技术现状及展望[J].江苏化工,2005,33(1):1-4.

[49] 王佟,王庆伟.我国陆域天然气水合物勘查技术理论与实践[J].煤炭科学技术,2012,40(10):27-29.

[50] COLLETT T S. Geologic controls on the occurrence of perma-frost-associated natural gas hydrates [J]. Proceedings NICOP,2008.

[51] KVENVOLDEN K A,LORENSON T D. The global occurrence of natural gas hydrate[M]//Natural Gas Hydrates. Washington,D. C. :American Geophysical Union,2013:3-18.

[52] 蒋向明.天然气水合物的形成条件及成因分析[J].中国煤炭地质,2009,21(12):7-11.

[53] LOWELL J D. Structural styles in petroleum exploration[M]. Tulss:OGCI,1985:45.

[54] 许红,黄君权,夏斌,等.最新国际天然气水合物研究现状与资源潜力评估(上)[J].天然气工业,2005,25(5):21-25.

[55] 张洪涛,张海启,祝有海.中国天然气水合物调查研究现状及其进展[J].中国地质,2007,34(6):953-961.

[56] 史斗,郑军卫.世界天然气水合物研究开发现状和前景[J].地球科学进展,

1999,14(4):330-339.

[57] 佟乐,杨双春,王璐,等.天然气水合物研究现状和前景分析[J].辽宁石油化工大学学报,2017,37(2):17-21.

[58] BEAUCHAMP B. Natural gas hydrates:myths, facts and issues[J]. Comptes Rendus Geoscience,2004,336(9):751-765.

[59] WASEDA A, UCHIDA T. Origin of methane in natural gas hydrates from the Mackenzie Delta and Naikai Trough[J]. Science, 2002,12(3):169-174.

[60] 徐学祖,程国栋,俞祁浩.青藏高原多年冻土区天然气水合物的研究前景和建议[J].地球科学进展,1999,14(2):201-204.

[61] 刘怀山,韩晓丽.西藏羌塘盆地天然气水合物地球物理特征识别与预测[J].西北地质,2004,37(4):33-38.

[62] 叶建良,秦绪文,谢文卫,等.中国南海天然气水合物第二次试采主要进展[J].中国地质,2020,47(3):557-568.

[63] 我国海域天然气水合物第二轮试采成功[J].地质装备,2020,21(3):3.

[64] 吴青柏,程国栋.多年冻土区天然气水合物研究综述[J].地球科学进展,2008,23(2):111-119.

[65] 裴发根,方慧,杜炳锐,等.陆域冻土区天然气水合物勘探研究进展[J].物探化探计算技术,2022,44(6):751-763.

[66] 杨志斌,周亚龙,张富贵,等.中国陆域冻土区浅表烃类地球化学特征及其成因分析[J].物探与化探,2022,46(3):628-636.

[67] 冯岩,敖嫩,夏宁,等.内蒙古拉布达林盆地多年冻土区浅层气发现及对天然气水合物勘查的重要意义[J].西部资源,2023(04):1-5.

[68] 张学庆,李贤庆,李阳阳,等.煤系页岩气储层研究进展[J].中国煤炭地质,2020,32(2):59-66.

[69] 田静.煤及海相页岩的生排烃动力学实验及初步应用[D].广州:中国科学院研究生院(广州地球化学研究所),2007.

[70] 姚海鹏,朱炎铭,刘刚.鄂尔多斯盆地北部煤系非常规天然气成藏特征:以U-1井为例[J].湖南科技大学学报(自然科学版),2016,31(4):6-13.

[71] ROSS D J K,BUSTIN R M. The importance of shale composition and pore structure upon gas storage potential of shale gas reservoirs[J]. Marine and Petroleum Geology,2009,26(6):916-927.

[72] JARVIE D M,HILL R J,RUBLE T E,et al. Unconventional shale-gas systems:the Mississippian Barnett Shale of north-central Texas as one model for thermogenic shale-gas assessment[J]. AAPG Bulletin,2007,91(4):475-499.

[73] 任泽樱,刘洛夫,高小跃,等.库车坳陷东北部侏罗系泥页岩吸附能力及影响因素分析[J].天然气地球科学,2014,25(4):632-640.

[74] CHALMERS G R L,BUSTIN R M. Lower Cretaceous gas shales in northeastern British Columbia,Part I:geological controls on methane sorption capacity[J]. Bulletin of Canadian Petroleum Geology,2008,56(1):1-21.

[75] 宋昊,胡明毅,王再兴,等.国外页岩气开发实践及对我国产业化发展的建议[J].现代化工,2022,42(9):18-22.

[76] 王世谦.页岩气资源开采现状、问题与前景[J].天然气工业,2017,37(6):115-130.

[77] 董大忠,王玉满,李新景,等.中国页岩气勘探开发新突破及发展前景思考[J].天然气工业,2016,36(1):19-32.

[78] 邹才能,赵群,丛连铸,等.中国页岩气开发进展、潜力及前景[J].天然气工业,2021,41(1):1-14.

[79] 万天丰.中国大地构造学纲要[M].北京:地质出版社,2004.

[80] 文怀军,邵龙义,李永红,等.青海省天峻县木里煤田聚乎更矿区构造轮廓和地层格架[J].地质通报,2011,30(12):1823-1828.

[81] 许志琴.造山的高原:青藏高原的地体拼合、碰撞造山及隆升机制[M].北京:地质出版社,2007.

[82] 马财,伊有昌,周金喜,等.青海省板块构造体系及演化[J].黄金科学技术,2006,14(4):7-13.

[83] 夏林圻,夏祖春,任有祥,等.北祁连山构造-火山岩浆-成矿动力学[M].北京:中国大地出版社,2001.

[84] 李春昱,王荃,刘雪亚,等.亚洲大地构造的演化[J].中国地质科学院院报,1984,3:3-11.

[85] 张鹏飞,彭苏萍,邵龙义,等.含煤岩系沉积环境分析[M].北京:煤炭工业出版社,1993.

[86] 青海煤炭地质勘查院.青海省煤炭资源潜力评价报告[R].2010.

[87] 樊栓狮.天然气水合物开发利用面临的问题及应对策略[J].中外能源,2007,12(4):9-12.

[88] 青海煤炭地质局煤炭地质勘查院,中煤航测遥感局遥感应用研究院.青海南部地区煤炭资源调查评价地质报告[R].2001.

[89] 郭晋宁,李猛,邵龙义.青海聚乎更矿区煤层气富集条件[J].中国煤炭地质,2011,23(6):18-22.

[90] 中国煤炭地质总局,中国矿业大学(北京),中国煤炭地质总局青海煤炭地质局.青海省木里地区多能源资源潜力评价[R].2009.

[91] 张玉法,冉茂云,黎冬林,等.川南煤田古叙矿区岔角滩井田煤储层特征评价[C]//第七届全国煤炭工业生产一线青年技术创新文集,2012,654-663.

[92] 张新民.煤层甲烷:我国天然气的重要潜在领域[J].天然气工业,1991,11(3):13-17.

[93] 朱志敏.阜新盆地中部煤层气地质特征研究[D].阜新:辽宁工程技术大学,2005.

[94] 黄第藩,李晋超.干酪根类型划分的X图解[J].地球化学,1982,11(1):21-30.

[95] 黄第藩,李晋超,张大江.干酪根的类型及其分类参数的有效性、局限性和相关性[J].沉积学报,1984(3):18-33.

[96] 黄第藩.成烃理论的发展:(Ⅱ)煤成油及其初次运移模式[J].地球科学进展,1996,11(5):432-438.

[97] 徐永昌,刘文汇,沈平.成岩阶段油气的形成与多阶连续的天然气成因新模式[J].天然气地球科学,1993,4(6):1-7.

[98] 国家发展和改革委员会,国家能源局.煤层气(煤矿瓦斯)开发利用"十二五"规划[Z].2011.

[99] 刘春艳.新疆三塘湖盆地石炭系烃源岩地球化学特征研究[D].兰州:兰州大学,2009.

[100] 孟元林,肖丽华,杨俊生,等.木里盆地有机质热演化异常及其演化史[J].地质论评,1999,45(2):135-141.

[101] 青海煤炭地质105勘探队.聚乎更煤矿区三井田勘探报告[R].2009.

[102] 青海煤炭地质105勘探队.聚乎更煤矿区二、三露天详查报告[R].2007.

[103] 孙军飞,孙红波,张发德,等.青海木里煤田构造分带性特点及赋煤规律[J].中国煤炭地质,2009,21(8):9-11.

[104] 李靖,曹代勇,豆旭谦,等.木里地区天然气水合物成藏模式[J].辽宁工程技术大学学报(自然科学版),2012,31(4):484-488.

[105] 祝有海,张永勤,文怀军,等.祁连山冻土区天然气水合物及其基本特征[J].地球学报,2010,31(1):7-16.

[106] COLLETT D Y, WANG D, WANG T, et al. Formation conditions and resource prospect of natural gas hydrate in Muli coalfield, Qinghai province, China[C] //2010 Conference on Energy Strategy and Technology. [S. l.]:London Science Publising Limited, 2010.

[107] 庞守吉.祁连山木里天然气水合物钻孔沉积构造特征及与水合物分布关系研究[D].北京:中国地质大学(北京),2012.

[108] 卢振权,祝有海,张永勤,等.青海祁连山冻土区天然气水合物的气体成因研究[J].现代地质,2010,24(3):581-588.

[109] 卢振权,祝有海,张永勤,等.青海省祁连山冻土区天然气水合物基本地质特征[J].矿床地质,2010,29(1):182-191.

[110] SLOAN E D, KOH C A. Clathrate Hydrates of Nature Gases[M]. [S. l.]:CRC Press,2007.

[111] STEVEN HOLBROOK W, HOSKINS H, WOOD W T, et al. Methane hydrate and free gas on the Blake ridge from vertical seismic profiling [J]. Science,1996,273(5283):1840-1843.

[112] COLLETT T S. Energy resource potential of natural gas hydrates[J]. The American Association of Petroleum Geologists Bulletin, 2002,86: 1971-1992.

[113] 潘语录,田贵发,栾安辉,等.测井方法在青海木里煤田冻土研究中的应用[J].中国煤炭地质,2008,20(12):7-9.

[114] 祝有海,刘亚玲,张永勤.祁连山多年冻土区天然气水合物的形成条件[J].地质通报,2006,25(1):58-63.

[115] 库新勃,吴青柏,蒋观利.青藏高原多年冻土区天然气水合物可能分布范围研究[J].天然气地球科学,2007,18(4):588-592.

[116] 吴青柏,蒋观利,蒲毅彬,等.青藏高原天然气水合物的形成与多年冻土的关系[J].地质通报,2006,25(1):29-33.

[117] 陈多福,王茂春,夏斌.青藏高原冻土带天然气水合物的形成条件与分布预测[J].地球物理学报,2005,48(1):165-172.

[118] 张立新,徐学祖,马巍.青藏高原多年冻土与天然气水合物[J].天然气地球科学,2001,12(1):22-26.

[119] 黄朋,潘桂棠,王立全,等.青藏高原天然气水合物资源预测[J].地质通报,2002,21(11):794-798.

[120] 符俊辉,周立发.南祁连盆地石炭-侏罗纪地层区划及石油地质特征[J].西北地质科学,1998(2):47-54.

[121] COLLETT T S. Permafrost-associated gas hydrate accumulations[a][J]. Annals of the New York Academy of Sciences,1994,715(1):247-269.

[122] YAKUSHEV V S, CHUVILIN E M. Natural gas and gas hydrate accumulations within permafrost in Russia[J]. Cold Regions Science and Technology,2000,31(3):189-197.

[123] KVENVOLDEN K A. A review of the geochemistry of methane in natural gas hydrate[J]. Organic Geochemistry,1995,23(11/12):997-1008.

[124] 孙健,郭了萍,郑琴,等.天然气水合物性质及其成藏控制因素分析[J].中国西部油气地质,2006,1:76-78.

[125] 卢振权,SULTAN N,金春爽,等.青藏高原多年冻土区天然气水合物形成条件模拟研究[J].地球物理学报,2009,52(1):157-168.

[126] 杨竞红,蒋少涌,凌洪飞.天然气水合物的成因及其碳同位素判别标志[J].海洋地质动态,2001(8):1-4.

[127] 段利江,唐书恒,朱宝存.关于煤层甲烷稳定碳同位素研究的回顾与展望[J].中国煤层气,2006,3(4):35-38.

[128] 刘文汇,宋岩,刘全有,等.煤岩及其主显微组份热解气碳同位素组成的演化[J].沉积学报,2003,21(1):183-190.

[129] 高照清.我国煤成气源岩分布与碳同位素变化规律[J].煤炭技术,2005,24(8):76-77.

[130] 林晓英,曾溅辉.天然气水合物形成过程中的气体组分分异及地质启示[J].现代地质,2010,24(6):1157-1163.

[131] 王淑红,宋海斌,颜文.外界条件变化对天然气水合物相平衡曲线及稳定带厚度的影响[J].地球物理学进展,2005,20(3):761-768.

[132] SLOAN E D. Clathrate hydrates of natural gases(second edition)[M]. New York:Marcel Dekker Inc,1998.

[133] LI J, YAO Z, ZHAO H B, et al. Gas hydrate stability zone in Muri

Coalfield, Qinghai Province, China[J]. Earth and Environmental Science Transactions of the Royal Society of Edinburgh, 2021, 113: 7-12.

[134] MORIDIS G J, COLLETT T S, DALLIMORE S R, et al. Numerical studies of gas production from several CH_4 hydrate zones at the Mallik site, Mackenzie Delta, Canada[J]. Journal of Petroleum Science and Engineering, 2004, 43(3/4): 219-238.

[135] DALLIMORE S R, COLLETT T S. Intrapermafrost gas hydrates from a deep core hole in the Mackenzie Delta, Northwest Territories, Canada [J]. Geology, 1995, 23(6): 527.

[136] 师生宝. 天然气水合物的形成与识别[J]. 海洋地质动态, 2006(10): 14-19.

[137] VAN WAGONER J C, MITCHUM R M, CAMPION K M, et al. Siliciclastic Sequence Stratigraphy in Well Logs, Cores, and Outcrops: Concepts for High-Resolution Correlation of Time and Facies[J]. American Association of Petroleum Geologists, 1990, 7: 55.

[138] DALLIMORE S R, COLLETT T S. Scientific results from the Mallik 2002 gas hydrate production research well program, Mackenzie Delta, Northwest Territories, Canada[J]. Geological Survey of Canda Bulletin, 2005, 585: 140.

[139] 郭星旺. 祁连山冻土区天然气水合物测井响应特征及评价[D]. 北京: 中国地质科学院, 2011.

[140] MILKOV A V. Molecular and stable isotope compositions of natural gas hydrates: a revised global dataset and basic interpretations in the context of geological settings[J]. Organic Geochemistry, 2005, 36(5): 681-702.

[141] GUERIN G, GOLDBERG D, COLLETT T S. Sonic attenuation in the JAPEX/JNOC/GSC et al. Mallik 5L-38 gas hydrate production research well[J]. Geological Survey of Canada, Bulletin, 2005.

[142] CRAVEN J A, ROBERTS B J, BELLEFLEUR G, et al. Recent magne-totel-luric measurements at the Mallik gas hydrate production research well site, Northwest Territories[J]. Geological Survey of Canada Current Research, 2009, 5: 1-70.

[143] 青海煤炭地质勘察院. 用煤田测井方法解释天然气水合物储集层技术研

究报告[R].2010.

[144] 李靖,曹代勇,王丹,等.利用煤田测井方法对木里煤田天然气水合物分布的研究[C]//中央高校基本科研业务费项目研究成果学术交流会论文集.北京:煤炭工业出版社,2011,334-340.

[145] LI J,CAO D Y,DOU X Q,et al. Study of the natural gas hydrate by well logging method in MuLi Coalfield,Qinghai Province,China[J]. Advanced Materials Research,2012,524/525/526/527:1573-1576.

[146] 卢振权,吴能友,陈建文,等.试论天然气水合物成藏系统[J].现代地质,2008,22(3):363-375.

[147] 樊栓狮,关进安,梁德青,等.天然气水合物动态成藏理论[J].天然气地球科学,2007,18(6):819-826.

[148] 李靖,张晓玉,曹代勇.祁连山区和唐古拉山区天然气水合物形成条件对比研究,2012年煤矿安全高效开采地质保障技术研讨会,云南腾冲[C].2012.

[149] COLLETT T S. Permafrost-associated gas hydrate accumulations[a][J]. Annals of the New York Academy of Sciences,1994,715(1):247-269.

[150] 许志琴,王宗秀,候立玮.松潘-甘孜造山带构造研究新进展[J].中国地质,1991,18(12):14-16.

[151] 边千韬,郑祥身.西金乌兰和冈齐曲蛇绿岩的发现[J].地质科学,1991,26(3):304.

[152] 吴军虎.青海乌丽—开心岭地区晚二叠世构造演化与聚煤规律作用分析[J].中国煤炭地质,2011,23(6):9-13.

[153] 李钟洋.页岩气成藏的储集与保存条件研究[J].应用技术,2012,222:99-101.

[154] CAO D Y,LI J,WEI Y C,et al. Study on the forming conditions of shale gas in coal measure of Wuli area,Qinghai Province,China[J]. Applied Mechanics and Materials,2013,295/296/297/298:2770-2773.

[155] 周越.天然气水合物测井解释方法初步研究[D].长春:吉林大学,2010.

[156] 张金川,金之钧,袁明生.页岩气成藏机理和分布[J].天然气工业,2004,24(7):15-18.

[157] 蒋裕强,董大忠,漆麟,等.页岩气储层的基本特征及其评价[J].天然气工业,2010,30(10):7-12.

［158］曹代勇,李靖,王丹,等.青海木里煤田天然气水合物稳定带研究[J].中国
        矿业大学学报,2013,42(1):76-82.

［159］杨建业.多能源矿产共存成藏(矿)机理和富集规律的研究:能源领域研究
        的新趋势[J].中国煤田地质,2004(5):1-4.

［160］邓军,王庆飞,高帮飞,等.鄂尔多斯盆地多种能源矿产分布及其构造背景
        [J].地球科学,2006,31(3):330-336.

［161］陈刚,李向平,周立发,等.鄂尔多斯盆地构造与多种矿产的耦合成矿特征
        [J].地学前缘,2005,12(4):535-541.